一口气读厘

科技常识

本书编写组◎编

NEW

世界图书出版公司

广州·上海·西安·北京

图书在版编目（CIP）数据

一口气读懂科技常识／《一口气读懂科技常识》编写组编 . —广州：广东世界图书出版公司，2010.5（2021.5 重印）
ISBN 978 – 7 –5100 –1539 –7

Ⅰ．①一… Ⅱ．①一… Ⅲ．①科学技术 – 青少年读物
Ⅳ．①N49

中国版本图书馆 CIP 数据核字（2010）第 083867 号

书　　　名	一口气读懂科技常识
	YIKOUQI DUDONG KEJI CHANGSHI
编　　　者	《一口气读懂科技常识》编写组
责任编辑	贺莎莎
装帧设计	三棵树设计工作组
责任技编	刘上锦　余坤泽
出版发行	世界图书出版有限公司　世界图书出版广东有限公司
地　　　址	广州市海珠区新港西路大江冲 25 号
邮　　　编	510300
电　　　话	020–84451969　84453623
网　　　址	http://www.gdst.com.cn
邮　　　箱	wpc_gdst@163.com
经　　　销	新华书店
印　　　刷	唐山富达印务有限公司
开　　　本	787mm×1092mm　1/16
印　　　张	13
字　　　数	160 千字
版　　　次	2010 年 5 月第 1 版　2021 年 5 月第 9 次印刷
国际书号	ISBN　978-7-5100-1539-7
定　　　价	38.80 元

前　言

邓小平说:"科学技术是第一生产力!"那么,究竟什么是科技呢?

其实,我们可以将科技分为科学与技术两个方面。"科学"是一个舶来之词,是由英文"Science"翻译过来的,是指人类在长期认识世界和改造世界的历史过程中所积累起来的认识世界事物的知识体系;"技术"一词的希腊文词根是"Tech",其原意是指个人的技能或技艺,随着科学的不断发展,技术的涵盖面大大拓宽,是指人类根据生产实践经验和应用科学原理而发展成的各种工艺操作方法和技能以及物化的各种生产手段和物质装备。

科技包含着科学与技术两个概念,二者虽然属于不同的范畴,但它们之间相互渗透、相辅相成,有着密不可分的联系。科学是技术的理论指导和理论基础;技术是科学的实际应用,是科学与生产的中介桥梁,可以说没有技术,科学对生产毫无实际意义和价值。技术对科学具有巨大的反作用,在技术开发过程中所出现的新现象、新问题,可以扩展科学研究的范围,技术还能为科学研究提供必要的仪器设备。

科学技术是第一生产力!纵观古今历史,横看中外舞台,人类社会的每一次进步,人类历史上每一项成就,都伴随着科学技术的进步。特别是现代科技的飞速发展,为社会生产力的发展和人类的文明进步开辟了更为广阔的空间,极大地推动了经济和社会的发展。

科学技术是人类文明的最重要标志。科学技术的发展进步和普

一口气读懂科技常识

及，为人类提供了广播、电视、电影、录像、网络等传播思想文化的新途径、新手段，使精神文明建设有了更多更新的载体。同时，科学技术对于丰富人们的精神文化生活，更新人们的思想观念等都有着十分重要的意义。

科学技术的进步已经为人类创造了巨大的物质财富和精神财富。随着知识经济时代的到来，科学技术必将绽放出更大的生命力和创造力，进而为人类文明做出更大、更多、更好的贡献。

今天的世界是科技的世界，今天的中国是科技的中国，今天的经济是靠科技发展的经济，今天的金钱是科技含量百分之百的金钱，今天的人类是靠科技生存和发展的人类，因此，我们要学习科技常识、了解科技常识、掌握科技常识、运用科技常识。

本书共分为7章：科技基础；农业科技；工业科技；生物生命科技；航空航天科技；信息网络科技；能源环保科技。本书从书本理论和实践的双重角度出发，力求将理论与生活实践相结合，希望您可以从本书中获取知识、汲取营养、提高能力。

由于编者的知识水平和经验有限，书中难免会有一些错误和不妥之处，敬请广大读者朋友批评指正。

目　录

工业科技篇

一口气读懂科技常识

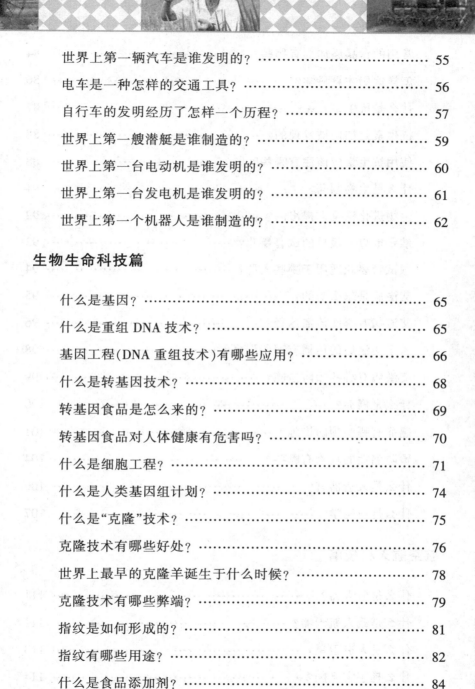

生物生命科技篇

航空航天科技篇

一口气读懂科技常识

信息网络科技篇

能源环保科技篇

一口气读懂科技常识

一口气读懂科技常识

科技基础篇

科学与技术有什么不同？

迄今为止,科学已经有各种各样的定义,每一种定义都只是反映出科学某一方面的本质特征。宇宙的万事万物都是在不断发展的,科学也是在不断发展的,因此要给科学下一个永恒不变的定义是不可能的,科学只是一种暂时可被知而还没有被推翻的知识,是存在于一定的时空中有一定约束条件的可知的认识,这种知识随着实践的不断发展很可能被推翻,因此科学不等同于真理。科学只能是崇尚真理和真实的人们,永无止境地探索、实践,阶段性地趋于逼近真理,阶段性地解释和揭示真理的阶段性、发展性、历史性、辩证性、普遍性、特殊性、信息性等特点,尽可能不包含自相矛盾的知识体系,并且是一项成果的、有利于造福人类社会的高尚事业。科学主要包含 5 个方面的内涵:①科学是一种知识;②科学是一种理论化、系统化的知识体系;③科学是人类和科学家群体、科学共同体对自然、对社会、对人类自身规律性的认识活动;④在现代社会,科学还是一种建制;⑤科学技术是生产力,科学技术是第一生产力(邓小平提出)。

技术是人类运用知识、经验和技能,并借助物质手段以达到利用、控制和改造自然的目的的完整系统。技术是人们的知识和能力同物质手段相结合,对自然界进行改造的过程。

科学与技术的区别主要体现在以下几个方面:

(1)性质和功能不同。科学是反映和认识客观的过程;而技术则是要有所发明、实现发明的手段。

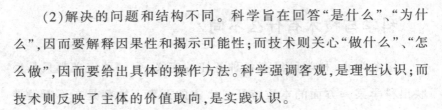

（2）解决的问题和结构不同。科学旨在回答"是什么"、"为什么"，因而要解释因果性和揭示可能性；而技术则关心"做什么"、"怎么做"，因而要给出具体的操作方法。科学强调客观，是理性认识；而技术则反映了主体的价值取向，是实践认识。

（3）研究过程和方法不同。科学主要是从个别到一般、从特殊到普遍、从经验到理论，多采取抽象、概括、分析等方法，需要再现客体；而技术则是从一般到个别、从普遍到特殊、从理论到经验，多采取想象、综合等方法，需要建构客体。科学是要穷根究底；技术则是力求达到目的。在实践方式上，科学主要是实验，是证伪；而技术则是试验，是选优。

（4）衡量标准不同。科学讲是非，要求符合实际；技术讲优劣，具有功利性。

当然，科学与技术的区别还有很多，随着实践的不断发展，不但二者的联系会越来越紧密，二者的区别也会越来越多。

为什么说"科学技术是第一生产力"？

20世纪80年代，邓小平同志深刻地指出，科学技术是"第一生产力"。只要回顾近代以来科学技术发展对促进生产力发展的作用的演变，就能清楚地认识到这一论断的必然性和深刻性。

从18世纪中叶到19世纪中叶，蒸汽机的广泛应用，标志着科学技术成为第一次产业革命的前提和先导，从此机器大工业出现了，生产力的发展进入第一个突飞猛进时期。

从19世纪中叶到20世纪中叶，电磁学的发展引起了第二次产

业革命——电力技术革命。在第二次产业革命时期，人类开发和完善了钢铁、化工和电力生产三大技术，建立和发展了汽车、飞机和无线电技术三大产业，生产力的发展又一次实现了飞跃，科学技术和生产的关系日益密切，在传统的"生产——技术——科学"发展模式仍居于主导地位的同时，出现了"科学——技术——生产"的发展趋势。

从20世纪中叶到今天，以微电子等信息科技、核能等新能源科技、超导等新材料科技、人造卫星等空间科技、基因工程等生物科技以及海洋科技的崛起为标志，科学技术的发展开始进入全面突破、综合创新的阶段，从而使科技与经济的结合日益紧密，产业技术升级不断加快。科学技术在生产力发展中的作用发生了质的飞跃，它逐步成为决定生产力总体水平高低的决定性因素。

无论是追溯历史，还是感触当代，抑或是展望未来，"科学技术是第一生产力"这一论断都蕴含着重大的理论和实践意义。

（1）当代科学技术作为生产力的内在要素，直接影响生产力的其他要素。生产力的发展是生产力各个要素相互作用的结果。科学技术作为生产力的内在要素，渗透在生产力的其他要素之中。科学技术的变化必然引发其他要素的变化，从而引起生产力整体的变化，推动生产力水平的提高。当生产者的素质、劳动工具、劳动对象的科技含量提高时，生产力就会发生质的飞跃。因此，科学技术的水平制约着整个生产力的发展水平。比如，在现代农业生产过程中，从品种的改良到土壤的改良，从化肥、农药的发明到农业机械的不断改进，处处体现着生物学、化学、物理学等科学技术对提高生产力的

主导作用。

（2）当代科学技术已成为生产力发展的突破口或生长点。在不同时代，生产力的发展有不同的突破口或生长点。在近代，蒸汽机的广泛应用直接推动了交通运输业、纺织业、冶炼业的变革，以蒸汽为动力的工作机成为近代生产力发展的突破口或生长点。随着知识与信息成为新的经济资源，信息科学技术的发展不仅形成一个新的产业——信息产业，而且也成为带动传统产业升级换代的突破口或生长点。

（3）当代科学技术决定着生产力发展的方向、速度及规模。如果说在蒸汽机时代，科学技术对生产力发展产生的是"加数效应"，电器化时代科学技术对生产力的发展产生的是"乘数效应"，那么，在信息时代科学技术对生产力的发展产生的就是"幂数效应"。据不完全统计，在发达国家里，科学技术对生产力的贡献率，20世纪初为5%~20%，20世纪中叶为50%，而到了20世纪末已经上升至75%以上。

人类跨入21世纪以后，科学技术作为第一生产力的重要地位就更加突出了。在未来日趋激烈的综合国力的较量中，谁能抢占高新科技发展的制高点，谁就能把握住主动权。

科学技术主要分为哪几类？

科学技术可以分为如下几类：

（1）现代科技

当代科技革命主要以信息技术为中心，它在全球的蓬勃兴起标

志着人类正逐步从工业社会走向信息社会。信息技术主要包括微电子技术、光电子技术、计算机技术、通信技术、成像技术、显示技术等。自20世纪90年代以来，信息技术开始向数字化、高速化、网络化、集成化及智能化方向迅速发展。

（2）生命科学

现代生命科学技术在20世纪得到了空前的发展，特别是DNA双螺旋结构的发现和人类基因组计划的实施，更使生命科学技术成为21世纪高新科技的主流。由于生命科学技术是揭示生物构造和遗传秘密的主要途径，而且它对促进人口的健康、农业高新技术、生态环境、食品和化学工业等领域的发展具有重大作用，因此具有广阔的发展前景。

（3）空间科学

空间科学是当代科学技术中发展最迅速的尖端技术之一。人类进入宇宙，在那里进行科学研究，开发无限的宇宙资源，定居、旅游，以致建立起空间文明，这一直以来都是人类的梦想。近半个世纪以来，随着航天技术的不断进步和各种应用卫星的广泛应用，人类在卫星通信、卫星广播、卫星气象、卫星导航、卫星勘测和空间科学、军事应用等新领域取得了前所未有的发展成果。

空间技术是一个国家科学技术发展水平的重要标志，开发和应用空间技术目前已成为世界各国现代化建设的重要手段。

科技有哪些重要的社会作用？

科学技术是在一定的社会环境中产生和发展的，同时也会对社

会的发展产生巨大的影响和反作用。从经济、军事、政治和社会进步等方面来讲，科技的作用主要体现在：

（1）科技是经济发展的原动力。目前，我国的劳动生产率仅有发达国家的1/40。科学技术一旦转化为生产力，就将极大地提高生产效率，从而推动经济快速地发展，它的作用远远超过资金、劳动力对经济的变革作用。

（2）科技是军事上的战斗力。当今的世界，虽然和平与发展是时代的主题，但是"冷战"思维仍然存在，霸权主义和强权政治依然是威胁世界和平与稳定的主要根源。科技强国已经成为现代国家的共识和一致选择。

（3）科技是政治上的影响力。现代科学技术水平已经成为国际政治斗争中的一个筹码和大国地位的象征。邓小平曾说："如果六十年代以来中国没有原子弹、氢弹，没有发射卫星，中国就不可能叫有重要影响的大国，就没有现在这样的国际地位。"

（4）科技是社会进步的推动力。科学技术所开拓的生产力创造了高度发达的物质文明，过去如此，现在如此，将来也是如此。但如果对科学技术使用不当，就会引发一系列世界范围内的社会问题，其中最典型的就是环境问题。

中国有哪五大科学技术奖？

为了奖励在科技进步活动中做出突出贡献的公民或组织，2000年，中国设立了国家最高科学技术奖、国家自然科学奖、国家技术发明奖、国家科学技术进步奖、中华人民共和国国际科学技术合作奖

5 项国家科学技术奖。

国家最高科学技术奖每年授予人数不超过 2 名,获奖者必须在当代科学技术前沿取得重大突破或在科学技术发展中有卓越建树;在科学技术创新、科学技术成果转化和高技术产业化中,创造巨大经济效益或社会效益。获奖者的奖金额为 500 万元人民币。

国家自然科学奖授予在基础研究和应用基础研究中阐明自然现象、特征和规律,做出重大科学发现的公民。

国家技术发明奖授予运用科学技术知识做出产品、工艺、材料及其系统等重大技术发明的公民。

国家科学技术进步奖授予在应用推广先进科学技术成果,完成重大科学技术工程、计划、项目等方面,做出突出贡献的公民或组织。

中华人民共和国国际科学技术合作奖授予对中国科学技术事业做出重要贡献的外国人或外国组织。

这 5 个奖项每年评审一次。其中,国家最高科学技术奖报请国家主席签署并颁发证书和奖金,中华人民共和国国际科学技术合作奖由国务院颁发证书,这 2 个奖项不分等级。其他 3 个奖项由国务院颁发证书和奖金,分为一、二等奖 2 个等级;对做出特别重大科学发现或者技术发明的公民,对完成具有特别重大意义的科学技术工程、计划、项目等做出突出贡献的公民或组织,可以授予特等奖。

诺贝尔奖是怎么来的?

诺贝尔奖是世界上最著名、学术声望最高的国际大奖。诺贝尔

一口气读懂科技常识

奖是以瑞典著名化学家、硝化甘油炸药的发明者阿尔弗雷德·贝恩哈德·诺贝尔的部分遗产作为基金创立的。诺贝尔奖包括金质奖章、证书和奖金支票。在遗嘱中,诺贝尔提出,将其部分遗产(920 万美元)作为基金,以其利息分设物理、化学、生理或医学、文学及和平 5 种奖金(后来添加了"经济"奖),授予世界各国在这些领域对人类做出重大贡献的学者。

诺贝尔出生于瑞典的斯德哥尔摩。他将毕生的精力都集中在了炸药的研究上,在硝化甘油的研究方面取得了重大成果。他不仅从事理论研究,而且进行工业实践。他一生共获得技术发明专利 355 项,而且在欧美等五大洲 20 个国家开设了约 100 家公司和工厂,积累了巨额财富。

1896 年 12 月 10 日,诺贝尔在意大利逝世。逝世的前一年,诺贝尔留下了遗嘱,设立诺贝尔奖。1900 年 6 月,瑞典政府根据诺贝尔的遗嘱批准设置了诺贝尔基金会,并于次年诺贝尔逝世 5 周年纪念日,即 1901 年 12 月 10 日首次颁发诺贝尔奖。自此之后,除因战时中断外,每年的这一天分别在瑞典首都斯德哥尔摩和挪威首都奥斯陆举行隆重的授奖仪式。

1968 年,瑞典中央银行在其建行 300 周年之际,提供资金增设诺贝尔经济奖,全称为瑞典中央银行纪念阿尔弗雷德·伯恩德·诺贝尔经济科学奖金,亦称为纪念诺贝尔经济学奖,并于 1969 年开始与其他 5 项奖同时颁发。诺贝尔经济学奖的评选原则是授予在经济科学研究领域做出有重大价值贡献的人,并优先奖励那些早期做出重大贡献的人。

一口气读懂科技常识

1990年，诺贝尔的一位重侄孙克劳斯·诺贝尔又提出增设诺贝尔地球奖,授予杰出的环境成就获得者。该奖于1991年6月5日世界环境日之际首次颁发。

诺贝尔奖的颁奖仪式都是在下午举行，这是因为诺贝尔是在1896年12月10日下午4:30逝世的。为了纪念这位对人类进步和文明做出过重大贡献的科学家,在1901年第一次颁发诺贝尔奖时,人们就选择在诺贝尔逝世的时刻举行仪式。这一具有纪念意义的做法一直沿袭到今天。

迄今为止人类历史经历了哪几次科技革命?

(1)4次科技革命发生的前提和条件

①第一次科技革命发生在18世纪60年代的英国。

前提:资产阶级统治在英国的确立。

条件:圈地运动提供了自由劳动力;殖民掠夺和奴隶贸易积累了资本;工场手工业时期积累了丰富的生产技术;国内外市场的扩大。

②第二次科技革命发生在19世纪70年代,几乎同时发生在几个国家。

前提:资本主义制度在世界范围内相继确立和发展。

条件:资本积累和对殖民地的肆意掠夺积累了大量资本;自然科学取得突破性进展、世界市场的出现和资本主义世界体系的形成,进一步扩大了对商品的需求;第一次工业革命以来,科学技术不断进步,为第二次工业革命积累了经验。

③第三次科技革命发生在20世纪四五十年代，这是一次世界范围内的科技革命。

条件：科学理论有了重大突破(爱因斯坦的相对论)；具备了科技发展所要求的物质条件；第二次世界大战后，资本主义推行福利制度与国家垄断资本主义，政局稳定；第二次世界大战期间和战后各国对科学技术的迫切需求。

④第四次科技革命发生在20世纪后期，这是一次几乎渗透于世界各个角落的科技革命。

条件：系统科学、计算机科学、纳米科学与生命科学的理论与技术整合，形成系统生物科学与技术体系，包括系统生物学与合成生物学、系统遗传学与系统生物工程、系统医学与系统生物技术等学科体系，将导致的是转化医学、生物工业的产业革命。

(2)四次科技革命的主要成就

①第一次科技革命：在棉纺织业、采煤、冶金等工业部门都采用了机器生产，机器生产取代了手工操作；瓦特改良的蒸汽机投入使用，为工业生产提供了便利的机器动力，人类历史从此进入蒸汽时代；运输工具出现更新，如富尔顿发明了世界上第一个蒸汽机轮船"克莱蒙脱"号，史蒂芬孙发明了第一台蒸汽机车"布拉策"号。

②第二次科技革命：电力的广泛使用，使人类由蒸汽时代跨入电气时代，如爱迪生发明了电灯，西门子发明了有轨电车；内燃机和新的交通工具的创新，如卡尔·本茨发明了三轮汽车，莱特兄弟发明了飞机；新的通讯手段的发明和使用，如贝尔发明了有线电话，马可尼发明了无线电报；由于石油工业的发展，化学工业随之建立起来。

③第三次科技革命：以原子能技术、航天技术、电子计算机技术的应用为代表，还包括人工合成材料、分子生物学和遗传工程等高新技术。

④第四次科技革命：细胞与分子的系统科学与工程研究，形成的是生物能源、生物信息与生物材料的全方位生物产业革命，将带来的是生物太阳能、生物计算机与生物反应器的技术突破与产业化。

四次科技革命对人类产生了哪些影响？

(1)第一次科技革命的影响：

①从生产力方面来看，提高了劳动生产率，巩固了资产阶级统治基础，使人类进入了蒸汽时代。

②从生产关系方面来看，人类社会日益分化为两大对立的阶级，即无产阶级和资产阶级。

③劳动力从农村转向城市，开始了城市化进程，环境污染、住房拥挤、交通堵塞等不良状况开始出现。

④从国际关系方面来看，资本主义国家加紧在世界范围内进行掠夺，从而使东方从属于西方，英国成为"世界霸主"。

(2)第二次科技革命的影响：

①从生产力方面来看，科技与生产紧密结合，进一步推动了生产力的迅速发展；同时，各国经济发展不平衡的现象出现和加剧。

②从生产关系方面来看，由于生产和资本的高度集中，产生了垄断组织，垄断组织不断向外侵略扩张，出现了国际性垄断组织，自

由资本主义逐渐向帝国主义过渡。

③从国际关系方面来看,由于资本主义经济的发展,资本主义国家完成了向帝国主义的过渡,西方国家加紧对殖民地、半殖民地国家和地区的侵略。在经济上由商品输出为主变为资本输出为主,在政治上掀起瓜分世界的狂潮,从而使东西方差距进一步拉大。

④从文化角度来看,人们受教育的程度不断提高,社会成员的文化水平不断上升,精神生活更加丰富多彩。

(3)第三次科技革命的影响:

①极大地推动了社会生产力的发展。以前人们主要是通过提高劳动力的强度和延长劳动时间来提高劳动生产率,而在新科技革命的条件下,人们主要通过生产技术的不断进步、劳动者素质和技能的不断提高、劳动手段的不断改进来提高劳动生产率;人类跨入信息时代。

②促进了社会经济结构和生活结构的巨大变化,第三产业的比重不断上升;人们的生活方式发生了深刻变化。

③推动了国际经济格局和政治格局的调整;科技竞争逐渐成为国际竞争的中心,科技水平的差距进一步拉大了发达国家同发展中国家的经济差距。

④人们的衣食住行各方面都有了巨大的变化。

⑤科技的发展也带来了一系列的负面影响,如环境污染、贫富差距等等。

(4)第四次科技革命的影响:

①在更大程度上提高了劳动生产率。

②知识成为生产力，人类迈入知识经济时代。

③"地球村"的概念形成，世界成为一个密不可分的统一体。

中国古代有哪四大发明？

所谓四大发明，是指中国古代对世界具有巨大影响力的4种发明，即造纸术、指南针、火药、活字印刷术。"四大发明"的说法最早由英国汉学家李约瑟提出，后来为很多中国的历史学家所继承。这些发明经由各种途径传到西方，从而对世界文明的发展产生了巨大的影响。

指南针是用来判别方位的一种简单仪器。它的前身是司南。其主要组成部分是一根装在轴上可以自由转动的磁针。磁针在地磁场作用下能保持在磁子午线的切线方向上。磁针的北极总是指向地理的南极，人们利用这一性能就可以辨别方向。指南针常用于航海、大地测量、旅行及行军作战等方面。

火药主要由硝石、硫磺和木炭三种物质混和制成，由于当时人们把这三种东西作为治病的药物，故而将其命名为"火药"，意思是"着火的药"。

秦汉以后，炼丹家用硫磺、硝石等物炼丹，从偶然发生爆炸的现象中得到启示，又经过多次实践，最终找到了火药的配方。三国时期，魏国有个技师叫马钧，他用纸包火药的方法研制出了娱乐用的"爆仗"，从而开创了火药应用的先河。唐朝末期，火药开始应用到军事上。

大约在商朝时期，我国就有了刻在龟甲和兽骨上的文字，称为

甲骨文。到了春秋战国时期，人们用竹片和木片代替龟甲和兽骨，称为竹简和木牍。甲骨和简牍都非常笨重，使用起来很不方便。西汉时期，在宫廷贵族内部开始采用缣帛或绵纸写字，这种材料不但便于书写，而且比简牍写得多，还可以在上面作画，不过价格十分昂贵，只能供少数王宫贵族使用。人们迫切需要一种书写方便而又价格低廉的书写材料。东汉和帝元兴元年（公元105年），蔡伦在总结前人制造丝织品经验的基础上，发明了用树皮、破渔网、破布、麻头等作为原料，造出了适合书写的植物纤维纸，被称为"蔡侯纸"，这才使得纸成为了人们普遍使用的书写材料。虽然大家普遍认同蔡伦是纸的发明者，但考古专家目前已经找到了更早的纸，因此，蔡伦有可能不是最早发明纸的人。

印刷术开始于隋朝的雕版印刷，经过宋仁宗时期毕昇的进一步发展和完善，产生了活字印刷术，并经由蒙古人传到了欧洲，因此后人把毕昇称为印刷术的始祖。毕昇是北宋时期的一名刻字工人。公元1004~1048年间，毕昇用细质且带有黏性的胶泥，制成一个个四方形的长柱体，在上面刻上反写的单字，一个字一个印，放在土窑里用火烧硬，形成活字，然后按照文章内容，将字按顺序排好，放在一个铁框上做成印版，再在火上加热压平，就可以印刷了。印刷结束以后，将活字取下，下次还可以继续使用。

当然，我国古代的发明并不仅限于这四个，随着历史的不断发展，我国人民还有很多各式各样的发明，因此应该将"四大发明"正名为"四大古发明"。

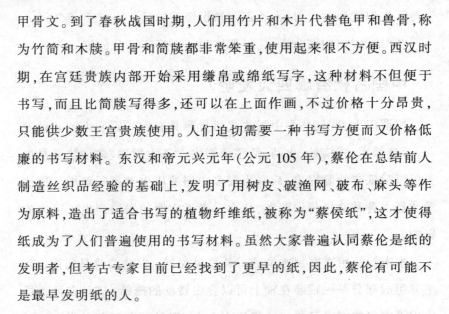

农业科技篇

什么是农业科技？

农业科技，主要是指用于农业生产方面的科学技术以及专门针对农村生活方面和一些简单的农产品加工技术。农业科技主要包括种植、养殖、化肥农药的用法、各种生产资料的鉴别、高效农业生产模式等几个方面。邓小平同志曾经说过："科学技术是第一生产力。"农业是我们赖以生存的基础产业，从狩猎到养殖，从采摘野果到种植，都不能离开劳动人民在生产中的探索和研究。今天，虽然我们的生活在物质上极大的丰富了，但是，我们不能忘记农业仍然需要发展，更需要科学。

目前，世界农业科技有七大发展趋向：由"平面式"向"立体式"发展；由"农场式"向"公园式"发展；由"自然式"向"设施式"发展；由"常规式"向"生态式"发展；由"单向式"向"综合式"发展；由"机械式"向"自动式"发展；由"化学式"向"生物式"发展。

什么是三色农业？

所谓三色农业，是指绿色农业、白色农业和蓝色农业。

(1)广义上的绿色农业即"大农业"，主要包括：绿色动植物农业、白色农业、蓝色农业、黑色农业、菌类农业、设施农业、园艺农业、观光农业、环保农业、信息农业等。在具体应用上，我们一般把"三品"，即无公害农产品、绿色食品和有机食品，合称为绿色农业。狭义上的绿色农业，是指以生产并加工销售绿色食品为轴心的农业生产经营方式。所谓绿色食品，是指遵循可持续发展的原则，按照特定方

式进行生产,经专门机构认定的,允许使用绿色标志的无污染的安全、优质、营养类食品。更具体地讲,绿色生态农业是以绿色植物借叶绿素进行光合作用生产食品的农业。专家说,我国耕地面积中有2/3属于中低产田,近5年已经改造1亿多亩,这是一条非常有潜力的增产途径。只要在全国1/3的高产田普遍采用吨粮技术,21世纪再增产500亿千克粮食完全有可能实现。农田水利专家在分析了我国节水灌溉对增产粮食的作用后认为,如果采用低压输灌溉、渠道防渗技术和喷灌技术,可以将水的利用率提高30%以上,能增产粮食约10%~30%。为此,我们要重点抓好优质高产品种、地膜覆盖、配方施肥、旱作农业、节水灌溉、模式化栽培、中低产田改造、病虫草鼠综合防治、调整农业产业结构、农副产品贮藏保鲜、农产品深加工、蔬菜等反季节栽培等推广项目。

(2)白色农业,即微生物农业,是指微生物资源产业化的工业型新农业,是以蛋白质工程、细胞工程、酶工程为基础,以基因工程综合组建的工程农业,主要包括高科技生物工程的发酵工程和酶工程。白色农业的生产环境高度洁净,生产过程没有任何污染,白色农业的产品安全、无毒副作用,再加上人们在工厂车间穿戴白色工作服帽从事劳动生产,故而形象化地称之为"白色农业"。微生物生产的蛋白质比一般植物蛋白质质量要高得多,营养价值也远远超过动物蛋白。我国的农作物秸秆大概每年就有5亿吨,如果只将其中的1亿吨通过微生物发酵变成饲料,则可以得到相当于400亿千克的饲料粮,是我国每年饲料用粮的50%左右。微生物工业生产是一种节约土地型工业。一座年产10万吨单细胞蛋白质的微生物工厂,能

生产出相当于 180 万亩耕地生产的大豆蛋白,或 3 亿亩草原养牛所生产的动物蛋白质。随着科学技术的不断进步和人民生活水平的不断提高,传统的绿色农业已经很难再满足日益增长的需要,因此,创建"白色农业工程"是非常必要且势在必行的。

(3)蓝色农业是指在水体中开展的海洋水产农牧化活动,具体来讲,所有在近岸浅海海域、潮间带以及潮上带室内外水池水槽内开展的虾、贝、藻、鱼类的养殖业都包括在内。形象地说,蓝色农业就是向大海要粮。蓝色农业主要包括海洋种植业、养殖业、捕捞业等。海洋农业的最终目的是开发食用蛋白质。我国有长达 18000 千米的海岸线,仅大陆海岸线 200 米以内的近海,可开发利用面积就至少有 22 亿亩。据有关研究测算,2 亩近海面积相当于陆地上的 1 亩良田。因此,我们必须要由单纯的捕捞向养殖和耕种转变。具体措施主要包括:抓好资源开发利用,加强海水和内陆河湖的养殖业以及低洼地、荒滩、荒水、稻田养鱼的开发,另外还要抓好渔港、良种、原种场和病虫害防治,并要积极开发外向型渔业,进一步增加水产品的科技含量。

什么是精准农业?

所谓精准农业,是指由信息技术支持的根据空间变异,定位、定时、定量地实施一整套现代化农事操作技术与管理的系统,它是当今世界农业发展的最新潮流。精准农业的基本内涵包括:根据作物生长的土壤性状,调节对作物的投入,即一方面查清田块内部的土壤性状与生产力空间变异,另一方面确定农作物的生产目标,进行

定位的"系统诊断、优化配方、技术组装、科学管理",调动土壤生产力,以最少、最节省、最经济的投入达到同等收入或更高的收入,并进一步改善环境,高效地利用各类农业资源,从而取得良好的经济效益和环境效益。

精准农业主要由 10 个系统组成,即全球定位系统、农田信息采集系统、农田遥感监测系统、农田地理信息系统、农业专家系统、智能化农机具系统、环境监测系统、系统集成、网络化管理系统和培训系统。精准农业的核心是建立一个完善的农田地理信息系统,因此它是一种信息技术与农业生产全面结合的新型农业。精准农业并不过分注重高产,而主要强调效益。精准农业促使了农业由传统时代向数字和信息化时代转变,是 21 世纪农业发展的重要方向之一。

什么是生态农业?

生态农业,是指按照生态学原理和经济学原理,运用现代科学技术成果和现代管理手段,在传统农业有效经验的基础上建立起来的,能获得良好经济效益、生态效益和社会效益的现代化农业。

生态农业只是一个原则性的模式而不是严格的标准。而绿色食品所具备的条件是有严格标准的,包括:绿色食品生态环境质量标准;绿色食品生产操作规程;产品必须符合绿色食品标准;绿色食品包装贮运标准。因此,并不是生态农业生产出的产品就一定是绿色食品。

生态农业是在保护、改善农业生态环境的前提下,遵循生态学、生态经济学规律,运用系统工程方法和现代科学技术,集约化经营

一口气读懂科技常识

的农业发展模式。它是一个农业生态经济复合系统,将农业生态系统和农业经济系统综合统一起来,用以取得最大的生态经济整体效益。生态农业也是农、林、牧、副、渔各业综合起来的大农业,还是农业生产、加工、销售综合起来,以适应市场经济发展需要的现代农业。

生态农业是以生态学理论为主导,运用系统工程方法,以合理利用农业自然资源和保护良好的生态环境为前提,因地制宜地规划、组织和进行农业生产的一种农业。生态农业是相对于"石油农业"而提出的一个概念,它被认为是继石油农业之后世界农业发展的一个重要阶段。与石油农业不同的是,生态农业主要通过提高太阳能的固定率和利用率、生物能的转化率、废弃物的再循环利用率等途径,促进物质在农业生态系统内部的循环利用和多次重复利用,以尽可能少的投入,求得尽可能多的产出,并获得生产发展、能源再利用、生态环境保护、经济效益等相统一的综合性效果,从而使农业生产处于良性循环中。生态农业与一般农业不同,它不但避免了石油农业的弊端,而且发挥了其优越性。生态农业通过适量施用化肥和低毒高效农药等,不但突破了传统农业的局限性,而且又保持了传统农业精耕细作、施用有机肥、间作套种等优良传统。因此,生态农业既是一个有机农业与无机农业相结合的综合体,又是一个庞大的综合系统工程和高效的、复杂的人工生态系统以及先进的农业生产体系。

生态农业是一个以生态经济系统原理为指导建立起来的资源、环境、效率、效益兼顾的综合性农业生产体系。我国的生态农业是一

个包括农、林、牧、副、渔和某些乡镇企业在内的多成分、多层次、多部门相结合的复合农业系统。20世纪70年代,我国发展生态农业的主要措施是实行粮、豆轮作,混种牧草,混合放牧,增施有机肥,采用生物防治,实行少免耕,减少化肥、农药、机械的投入等;80年代,我国创造了很多具有明显增产增收效益的生态农业模式,比如稻田养鱼、养萍,林粮、林果、林药间作的主体农业模式,农、林、牧结合,粮、桑、渔结合,种、养、加结合等复合生态系统模式,鸡粪喂猪、猪粪喂鱼等有机废物多级综合利用的模式。生态农业的生产以资源的永续利用和生态环境保护为重要前提,根据生物与环境协调适应、物种优化组合、能量物质高效运转、输入输出平衡等原理,运用系统工程方法,依靠现代科学技术及社会经济信息的输入组织生产。生态农业能够通过食物链网络化、农业废弃物资源化等途径,充分发挥资源潜力和物种多样性的优势,建立一个良性的物质循环体系,从而实现农业的持续稳定发展以及经济、社会、生态效益的统一发展。因此,生态农业是一种知识密集型的现代农业体系,是农业发展的新型模式。

什么是都市农业?

"都市农业"的概念是美国一些经济学家在20世纪五六十年代首先提出的。都市农业是指在都市化地区,利用田园景观、自然生态及环境资源,结合农林牧渔生产、农业经营活动、农村文化及农家生活,为人们休闲旅游、体验农业、了解农村提供场所。换句话说,都市农业是将农业的生产、生活、生态等"三生"功能结合于一体的产业。

通过都市农业的概念，我们可以看出，都市农业具有以下一些特点：

(1)都市农业所包括的范围是都市城市化地区与周边间隙地带的农业，它不同于一般城郊型农业。

(2)都市农业的生产、流通和消费，农业的空间布局和结构安排，农业与其他产业的关系等，都必须首先服从城市的需要并为此服务。这种由城市需要决定农业发展的特征，体现了大都市对农业的依赖性，并有利于实现二者相互依存、相互补充、相互促进的一体化关系。

(3)都市农业不仅是经济功能的开发，而且要进行生态、社会等功能的开发，因此它是一种全功能性的大农业。

(4)都市农业的生产经营非常明显地表现为高度集约化的经营方式，是一种生产、加工、销售一体化的经营，进而实现高度的农业发展形态和为都市服务的特殊功能。

什么是观光农业？

所谓观光农业，是一种以农业和农村为载体的新型生态旅游业。近几年来，随着全球农业的产业化发展，人们越来越多地发现，现代农业不但具有生产性功能，而且还具有改善生态环境质量，为人们提供观光、休闲、度假的生活性功能。随着收入的增加、闲暇时间的增多、生活节奏的加快以及竞争的日益激烈，人们越来越渴望多样化的旅游，尤其希望能在典型的农村环境中放松自己，享受纯洁、美丽、舒爽的大自然。因此，农业与旅游业边缘交叉的新型产

业——观光农业应运而生。

观光农业是把观光旅游与农业结合在一起的一种旅游活动,它的形式和类型非常多。根据德、法、美、日、荷兰等国以及我国台湾省的实践,其中比较典型的模式主要有5种:

(1)观光农园:在城市近郊或风景区附近开辟特色果园、菜园、茶园、花圃等,让游客们在里面从事摘果、拔菜、赏花、采茶等活动,享受田园乐趣。这是国外观光农业最普遍的一种形式。

(2)农业公园:按照公园的经营思路,把农业生产场所、农产品消费场所和休闲旅游场所结合为一体。

(3)教育农园:这是一种兼顾农业生产和科普教育功能的农业经营形态。比较典型的有法国的教育农场、日本的学童农园、台湾的自然生态教室等。

(4)森林公园:森林公园是经过修整可供短期自由休假的森林,或是经过逐渐改造使它形成一定的景观系统的森林。森林公园是一个综合体,它具有建筑、疗养、林木经营等多种功能,同时,它也是一种以保护为前提利用森林的多种功能为人们提供各种形式的旅游服务和可进行科学文化活动的经营管理区域。在森林公园里,你可以自由休息,嬉戏娱乐,也可以进行森林浴等。

(5)民俗观光村:到民俗村体验农村生活,感受农村乡土气息。

20世纪90年代,我国的农业观光旅游在大中城市迅速兴起。观光农业作为一种新兴的行业,既能促进传统农业向现代农业转型,解决农业发展的一部分问题,又能提供大量的就业机会,为农村剩余劳动力解决就业问题,还能带动农村教育、卫生、交通的发展,改变农村

面貌,从而为解决我国的"三农问题"提供了新的参考思路。

为什么要大力提倡持续农业?

持续农业是在 20 世纪 80 年代得以酝酿并提出的。持续农业是一种"不造成环境退化、技术上适当、经济上可行、社会上能接受的"农业。概括地说,持续农业是经济、社会、技术与环境协调发展的农业。

持续农业体系具有以下几种基本功能:①提高劳动生产率,形成高商品率的农产品,使剩余劳动力有转移的可能;②提高土地生产力,尤其是提高单位面积的产量;③产品质量优良,满足广大市场消费需求;④生态良性循环,缓解人口与土地的矛盾,确保持续发展的自然基础;⑤提高抗重大自然灾害的能力,确保社会、经济、政治稳定,建立农业的风险保障体系。

之所以要大力提倡持续农业,主要是基于以下几方面的原因:

(1)人口增长速度太快。

目前全世界每天大约增加 25 万人,也就是世界人口将平均每年增加 9000 万。因此,如何保证农业持续发展,满足人口日益增长的需求,已成为迫在眉睫的首要问题。

(2)保护农业自然资源与环境的需要。

第二次世界大战以后,世界农业有了巨大发展。很多发达国家实现了农业现代化,农业劳动生产率、土地生产率和农业商品率达到前所未有的水平。但与此同时,也带来了能耗过大、成本过高、环境破坏严重等问题。

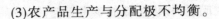

(3)农产品生产与分配极不均衡。

占世界人口 3/4 的发展中国家,只拥有世界谷物产量的 1/2,人均只有 250 千克,只相当于发达国家的 1/3。在欧美等发达国家农产品过剩的同时,世界上却有 12 亿的人口处于贫困状态,其中绝大部分集中在发展中国家。

(4)目前的各种农业替代模式均难以大规模应用,需要探索新的发展路子。

国际上提出的有机农业、生态农业、腐殖质农业等,虽然各具特点,有很强的优越性和战略意义,但都没能在生产上大面积推广应用。因此,需要进一步探索和研究新的农业发展道路。

什么是特色农业?

所谓特色农业,是指将区域内独特的农业资源开发成区域内特有的名优产品,转化为特色商品的现代农业。

特色农业的最关键点就在于一个"特"字,具体体现在以下 3 个方面:①特色农业之"魂"是唯我独存或唯我独尊。"物以稀为贵"是个亘古不易的道理,对于发展特色农业来讲,只有做到了人无我有、人有我优,才能真正"特"起来。②特色农业之"根"是天赋,即自然地理环境条件。自古以来,各地的自然条件就千差万别,如果不切实际地盲目模仿他人,只能落个劳民伤财的后果。③特色农业之"本"是传统,即我们通常所讲的种植、养殖或加工习惯,尤其是先进的农业科技。"科技兴农"主要依靠科技进步,如果不管农民有无技术就强迫他们搞特种特养,必然造成事与愿违、事倍功半的后果。因此,要

真正形成传统，不仅需要经历一个较长时间的逐步培养过程，而且必须要顺民心、合民意，即让农民心甘情愿地干。

水车是怎样一种灌溉工具？

中国自古以来就是以农业立国。水利是农业中最不能或缺的一环，因此历朝政府都非常注重水利工程的兴修，修建了大量的灌溉渠道和运河。但是这些渠道大都分布在各大农业区，至于高地和离灌溉渠道及水源较远的地区，往往显得有心无力、无法顾及。在长期的灌溉实践中，我国人民运用自己的智慧，发明了一种能引水灌溉的农具——水车。

水车，也叫天车，是一种古老的提水灌溉工具。车高10米左右，由一根长5米，口径0.5米的车轴支撑着24根木辐条，呈放射状向四周展开，每根辐条的顶端都带有一个刮板和水斗，刮板用来刮水，水斗用来装水。只要河水冲过来，借着水势10多吨重的水车就会缓缓转动，一个个水斗也就随之装满了河水被逐级提升上去。到了顶端，水斗又自然倾斜，将水注入渡槽，然后流到灌溉的农田里。

水车的外形酷似古式车轮。轮幅直径大的可达到20米左右，小的也在10米以上，因此可以提水高达15~18米。一般大水车能灌溉农田六七百亩，小的也可以灌溉一二百亩。水车这种灌溉工具省工、省力、省钱，在古代算得上是最先进的灌溉工具了。

农用拖拉机的发展经历了怎样一个历程？

很早以前，就有很多人试图以机械力代替人力和畜力进行耕

作。但一直到 19 世纪欧洲进入蒸汽机时代以后，才使动力型农业机械的诞生成为可能。

19 世纪 30 年代，已经有人开始研究用蒸汽车辆牵引农机具进行田间作业。但当时所能造出的蒸汽机牵引车辆（也就是蒸汽拖拉机的前身）就像一个大火车头，它要么陷在田里，要么把土压得实实的，根本无法耕种。

1851 年，英国的法拉斯和史密斯第一次使用蒸汽机实现了农田机械耕作。有人将此看作是农业机械化的开端，但当时他们的做法是把蒸汽机安放在田头，然后用钢丝绳远远地牵引在田里翻耕的犁铧。随着蒸汽机制造技术的不断进步，出现了小型化的蒸汽发动机，将它安装在车辆底盘上驱动车轮行驶，使它可以从地头开进田地里直接牵引农机具，这才诞生了真正意义上的拖拉机，法国的阿拉巴尔特和美国伊利诺斯州的 R·C·帕尔文分别于 1856 年和 1873 年发明了最早的蒸汽动力拖拉机。当时的拖拉机和早期的蒸汽机汽车很相似，但其马力更大，只是行驶速度比较缓慢。

1889 年，美国芝加哥的查达发动机公司制造出了世界上第一台使用汽油内燃机的农用拖拉机——"巴加"号拖拉机。由于内燃机比较轻便，而且易于操作，工作效率也比较高，因而它的出现为拖拉机的推广应用打下了基础。

20 世纪初，瑞典、德国、匈牙利、英国等国几乎同时制造出了以柴油内燃机为动力的拖拉机。1910~1920 年间，以蒸汽机和内燃机为动力的拖拉机之间展开了激烈的竞争，后者逐渐淘汰了前者。今天的拖拉机仍在使用柴油内燃机。

一口气读懂科技常识

世界上第一台现代意义上的播种机是谁发明的？

播种机是指以作物种子为播种对象的种植机械，主要用于某类或某种作物的播种，经常冠以作物种类名称，如谷物条播机、玉米穴播机、棉花播种机、牧草撒播机等。

公元前1世纪，中国已经开始推广使用耧，这是世界上最早的条播机具，目前仍在北方旱作区应用。1636年，希腊制成了第一台播种机。1830年，俄国人在畜力多铧犁上制成犁播机。1860年以后，英美等国开始大量生产畜力谷物条播机。20世纪后，相继出现了牵引和悬挂式谷物条播机，以及运用气力排种的播种机。我国从20世纪50年代引进了谷物条播机、棉花播种机等。20世纪60年代，我国先后研制成悬挂式谷物播种机、离心式播种机、通用机架播种机和气吸式播种机等多种类型，并且研制成磨纹式排种器。到了70年代，已形成播种中耕通用机和谷物联合播种机两个系列，同时研制成功了精密播种机。

最早的播种机是由杰斯洛·图尔发明的。很早以前，当农民播种时，他们要从田的这头走到那头，边走边往地里抛撒一把把的种子。然而这种"撒播"的方法是非常靠不住的，撒播的种子不均匀，有些地方落下很多，有些地方落下很少。

解决这一问题的唯一方法就是一排排地均匀撒种。但怎样才能做到这一点呢？古代美索不达米亚人在大约公元前3500年发明了第一台播种机，更严格地说应该叫做"撒种子机器"，它是带有一个窄管的小箱，可以沿着犁开出的直沟撒播种子。

　　一直到 1701 年，英国农民发明家杰斯洛·图尔才制造出了第一台真正高效率的播种机。图尔发现早期的播种机存在不能均匀撒播种子的问题，种子本应该呈直线撒播，但在种子播种线上却常常有缺漏。因此，图尔发明了一个弹簧机械装置，它能均匀、连续地将种子撒播出去。

　　杰斯洛·图尔还是一位热心的业余音乐家，他还将自己的音乐知识运用到自己的发明中。他关于播种机里弹簧装置的想法，其实是受到管风琴共鸣板装置的启发而产生的。

农药的发明经历了怎样的历程？

　　农药是指在农业生产过程中，为了保障、促进植物和农作物的生长，所施用的用于杀虫、杀菌、杀灭有害动物或杂草的一类药物的统称，特指在农业上用于防治病虫害、调节植物生长以及除草的药剂。

　　根据原料来源不同，农药可以分为有机农药、无机农药、植物性农药、微生物农药。此外，还有昆虫激素。根据加工剂型不同，农药还可以分为粉剂、可湿性粉剂、可溶性粉剂、乳剂、乳油、浓乳剂、乳膏、糊剂、胶体剂、熏烟剂、烟雾剂、油剂、颗粒剂、微粒剂等。农药大多数是液体或固体，只有少数是气体。

　　农药起源于我国。早在 3000 年前，我国人民就开始与蝗虫、螟虫作斗争。1800 年前，我国人民就已懂得应用汞剂、砷剂和藜芦；1000 年前，我国已开始应用硫、铜、油类及其他植物性杀虫剂。其中，鱼藤精农药是我国的首创。明代的李时珍在《本草纲目》里记述了 1890 多种药品，其中很多是防治农作物病、虫害的农药。

化学农药源于欧洲。1874 年，德国齐德勤合成了滴滴涕，不过当时，只是为了有机化学制备理论的研究，并没有实际应用，其杀虫效能和实用价值一直到 1936~1939 年才被瑞士的米勒发现。这是有史以来第一次发现的人工合成的最有价值的杀虫药剂。1825 年，英国物理兼化学家法拉第研究出"666"的合成与化学性质，但一直到 1942~1943 年才肯定了其杀虫效力，这也是一种极为优越的杀虫药剂。1947 年，法国化学家希拉德尔对有机磷剂的研究获得成功，标志着农药的发展进入"高效"时代。

尤斯图斯·冯·李比希为什么被称为 "肥料工业之父"？

化肥是化学肥料的简称，是指用化学或物理方法制成的含有 1 种或几种农作物生长需要的营养元素的肥料。只含有 1 种可标明含量的营养元素的化肥叫做单元肥料，如氮肥、磷肥、钾肥以及次要常量元素肥料和微量元素肥料；含有氮、磷、钾 3 种营养元素中的 2 种或 3 种并且可标明其含量的化肥，叫做复合肥料或混合肥料。化肥的有效组分在水中的溶解度通常可以作为度量化肥有效性的标准。品位是化肥质量的主要指标，它是指化肥产品中有效营养元素或其氧化物的含量百分率，如：N、P_2O_5、K_2O；CaO、MgO、S；B、Cu、Fe、Mn、Mo、Zn 的百分含量。

中国清朝咸丰至宣统年间，世界科技与经济中心从英国转移到德国，德国的大批学者留学英国或其他技术先进的国家。其中，从法国学成归国的尤斯图斯·冯·李比希发明了农业急需的肥料技术和有机化学，首创了前所未有的肥料业。李比希是一位德国化学家，他

最重要的贡献在于农业和生物化学，他创立了有机化学，因此被称为"化学之父"。他发现了氮对于植物营养的重要性，因此也被称为"肥料工业之父"。

温室栽培是怎样一种栽培技术？

温室栽培是园艺作物的一种栽培方法，它是用保暖、加温、透光等设备（如冷床、温床、温室等）和相应的技术措施，保护喜温植物御寒、御冬或促使其生长和提前开花结果等。

温室栽培的最主要手段就是温室大棚。温室大棚是中国寿光的典型标志，勤劳智慧的寿光人民依靠温室大棚发家致富，并且将其发扬光大。

温室，又叫暖房，是一种能透光、保温（或加温），用来栽培植物的设施。在不适宜植物生长的季节，温室能提供生育期和增加产量，多用于低温季节喜温蔬菜、花卉、林木等植物的栽培或育苗等。温室的种类很多，按照不同的屋架材料、采光材料、外形及加温条件等又可以分为很多种类，如玻璃温室、塑料温室；单栋温室、连栋温室；单屋面温室、双屋面温室；加温温室、不加温温室等。温室结构必须密封保温，但又要便于通风降温。现代化的温室中具有控制温湿度、光照等条件的设备，并且可以用电脑自动控制创造植物所需的最佳环境条件。

室内温室栽培装置主要包括栽种槽、供水系统、温控系统、辅助照明系统及湿度控制系统。栽种槽设于窗底或做成隔屏状，供栽种植物；供水系统用于自动适时、适量供给水分；温控系统主要包括排

风扇、热风扇、温度感应器及恒温系统控制箱,用来适时调节温度;辅助照明系统主要包括植物灯和反射镜,装于栽种槽周边,用于无日光时提供照明,使植物进行光合作用,并经光线的折射作用而呈现出美丽景观;湿度控制系统主要用于配合排风扇调节湿度及降低室内温度。

按照温室的最终使用功能,温室又可以分为生产性温室、试验(教育)性温室和允许公众进入的商业性温室。蔬菜栽培温室、花卉栽培温室、养殖温室等属于生产性温室;人工气候室、温室实验室等属于试验(教育)性温室;各种观赏温室、零售温室、商品批发温室等则属于商业性温室。

什么样的食品才能叫"绿色食品"?

第二次世界大战以后,欧美和日本等发达国家在工业现代化的基础上,先后实现了农业的现代化。这一方面大大丰富了这些国家的食品供应,另一方面也出现了一些严重的问题,即随着农用化学物质的不断增加,造成有害化学物质通过土壤和水体在生物体内聚集,并且通过食物链进入到农作物和畜禽体内,形成食物污染,最终损害人体健康。因此,绿色食品成为人类的需求和时代的呼唤。

在我国,绿色食品是对无污染的安全、优质、营养类食品的总称,是指按特定生产方式生产,并经国家有关的专门机构认定,准许使用绿色食品标志的无污染、无公害、安全、优质、营养型的食品。具体来说,绿色食品是在无污染的条件下种植、养殖,施有机肥料,不用高毒性、高残留农药,在标准环境、生产技术、卫生标准下加工生产,经权

一口气读懂科技常识

威机构认定并使用专门标识的安全、优质、营养类食品的统称。

类似的食品在其他国家被称为有机食品、生态食品、蓝色天使食品、健康食品、自然食品等。

1990 年 5 月,我国农业部正式规定了绿色食品的名称、标准和标志。绿色食品标准规定了绿色食品必须具备的条件,主要包括:

(1)产品或产品原料的产地必须符合绿色食品的生态环境标准;

(2)农作物种植、畜禽饲养、水产养殖及食品加工必须符合绿色食品生产操作规程;

(3)产品必须符合绿色食品的质量和卫生标准;

(4)产品的标签必须符合中国农业部制定的《绿色食品标志设计标准手册》中的有关规定;

(5)产品的包装、贮运必须符合绿色食品包装贮运标准。

绿色食品标志是由中国绿色食品发展中心在国家工商行政管理局商标局正式注册的质量证明商标。绿色食品标志由 3 部分组成,即上方的太阳、下方的叶片和中心的蓓蕾。标志为正圆形,意为保护。整个图形描绘了一幅明媚阳光照耀下的和谐生机,它旨在告诉人们绿色食品是一种出自纯净、良好生态环境的安全无污染食品,能给人们带来蓬勃的生命力。绿色食品标志还提醒人们要注意保护环境,通过改善人与环境的关系,使自然界变得更加和谐和富有生机。

袁隆平为什么被称为中国的"杂交水稻之父"?

杂交水稻的基本思想和技术是美国人 Henry Beachell 提出的,

1963 年，Henry Beachell 在印度尼西亚首次成功实现了这一技术，Henry Beachell 因此被学术界称为"杂交水稻之父"，并由此获得 1996 年的世界粮食奖。虽然 Henry Beachell 在国际上被誉为"杂交水稻之父"，但是由于他的设想和方案存在某些缺陷，所以无法进行大规模的推广。

后来，日本人提出了三系选育法来培育杂交水稻，提出可以寻找适合的野生的雄性不育株来作为培育杂交水稻的基础。虽然经过努力，日本人找到了野生的雄性不育株，但是效果并不理想；另外日本人还提出了一系列的水稻育种新方法，比如赶粉等，但是最终由于种种原因没能完成杂交水稻的产业化。

中国湖南的农学家袁隆平在此基础上成功地找到了合适的野生的雄性不育株，并突破了日本人无法实现的杂交水稻育种技术，选育出了第一个在生产上大面积应用的强优高产杂交水稻组合，即南优 2 号。1981 年，袁隆平荣获中国第一个国家特等发明奖。袁隆平作为中国杂交水稻研究的创始人，被誉为"杂交水稻之父"、"当今中国非常著名的科学家"、"当代神农氏"、"米神"等。中国的杂交水稻也因此被世界称为"东方魔稻"。

袁隆平，1930 年 9 月 1 日生于今北京，江西省德安县人；1953 年，袁隆平毕业于西南农学院（2005 年并入西南大学）；1964 年，袁隆平开始研究杂交水稻；1973 年，袁隆平实现三系配套；1974 年，袁隆平育成第一个杂交水稻强优组合南优 2 号；1975 年，袁隆平成功研制出杂交水稻制种技术，从而为大面积推广杂交水稻奠定了基础。

1960 年 7 月，袁隆平在安江农校实习农场早稻田里发现特异稻株。次年，袁隆平认识到这是"天然杂交稻"株，从而大受启发，立志从事水稻雄性不育试验。

1970 年 11 月 23 日，在袁隆平的指导下，助手李必湖和冯克珊在海南岛南红农场找到"野败"，为籼型杂交稻三系配套打开了突破口。

1974 年，袁隆平育成了中国第一个强优势杂交组合"南优 2 号"，第二年作晚稻栽培 1.33 公顷，从而攻克了"优势关"。

1977 年，袁隆平总结了 10 年来的实践经验，发表了《杂交水稻培育的实践和理论》和《杂交水稻制种与高产的关键技术》两篇重要论文。

1982 年 8 月 26 日，袁隆平被聘为农牧渔业部技术顾问、全国杂交稻专家顾问组副组长。同年，袁隆平被国际同行誉为"杂交水稻之父"。

工业科技篇

工业标准篇

什么是工场手工业？

"工场手工业"一词译自马克思所称 Manufaktur。1932 年,瞿秋白将其译为"工厂手工业"。1953 年版、1961 年版的《资本论》将其译作"手工制造业"。后来,马列著作编译局将其译作"工场手工业"。

工场手工业是资本雇佣劳动者的生产形式。但雇佣多少人才具备资本主义性质,应当因生产力发展状况和民族历史条件而有所不同。在研究资本主义萌芽时,当时的史料一般不区分家属劳动和雇佣劳动,原则上以有 10 人以上的厂坊为工场手工业。鸦片战争以后,依然沿用此原则。1929 年公布的《工厂法》,规定使用发动机器并雇工 30 人以上者为工厂,因此以雇工 10 人(或稍少)以上而不足工厂标准者为工场手工业。解放以后,国家统计局作有 10 人以上工厂统计,中央手工业管理局遂以 4~9 人的厂坊为工场手工业。

对于手工业,并没有一个明确的定义。工业革命初期,以蒸汽机取代了人畜力,于是动力有了机器和手工的区分。不过,水力发达的地区仍然经常以古老的水轮机代替蒸汽机,又如历史悠久的磨坊,曾经先后使用过人力、畜力、风力、水力等作为动力,后来即使采用了蒸汽机作动力(称为火轮磨坊),仍然是利用两片石磨转动。一直到 19 世纪末发明了滚筒制粉和联动装置以后,才实现了技术革命;在此之前均可称为手工业。进入 20 世纪以后,手工工具演变为复合装置,很多手工工具都应用了精密机械原理或化学反应过程;电力普及以后,手工厂添置马达也已经是很平常的事了。因此,研究工业结构的人多以企业规模为标准,如日本以不足 10 人的工厂视为手

工业；第二次世界大战以后，联邦德国以不满 10 人、年销售额不满 30 万马克者为手工业。

什么是机器大工业？

在资本主义制度下，机器大工业是指以机器代替手工工具，以机械化劳动代替手工劳动的资本主义工业。机器大工业是资本主义生产方式得以建立的物质技术基础，是资本主义生产的成熟形式或典型形式。从 18 世纪最后 30 年起，西欧各主要资本主义国家，先后通过产业革命，完成了从工场手工业向机器大工业的过渡。

在工场手工业中，生产方法的改进是从实行劳动分工开始的，即以劳动力为起点；在大工业中，生产方法的改进则是从机器代替手工工具开始的，即以劳动资料为起点。在机器大工业中，所有发达的机器都是由 3 个部分组成的，即发动机、传动装置、工具机或工作机。发动机是整个机器的动力，它可以产生自己的动力源，如蒸汽机、内燃机等，也可以接受外部某种自然力的推动，如水轮机、风磨等。传动装置是由飞轮、齿轮、皮带以及其他各种附件和联动装置组成的。传动装置可以调节发动机发出的运动，必要时还可以改变其运动形式，把运动分配并传送到工具机上。工具机是整个机器的最主要部分，最初的工具机大体上还是手工业者和工场手工业工人所使用的那些工具，有所差别的是，这时它们已不再是人的工具，而是机械工具了。人能够同时使用的工具数量，受到人的器官数量的限制，而工具机同时使用的数量，一开始就突破了这种限制，因而机器生产大大提高了劳动生产率。

第一台蒸汽机是瓦特发明的吗？

蒸汽机是将蒸汽的能量转换为机械功的往复式动力机械。蒸汽机的出现曾引起了18世纪的第一次工业革命。直到20世纪初，蒸汽机仍然是世界上最重要的原动机，后来才逐渐被内燃机和汽轮机所取代。

世界上第一台蒸汽机是古希腊数学家亚历山大里亚的希罗在公元1世纪发明的汽转球，不过它只是一个玩具而已。希罗所发明的汽转球，是有文献记载以来的第一部蒸汽机，它比工业革命早2000年制造。大约在1679年的时候，法国物理学家丹尼斯·巴本在观察蒸汽逃离他的高压锅后制造了第一台蒸汽机的工作模型。大约就在同一时期，萨缪尔·莫兰也提出了蒸汽机的主意。1698年托马斯·塞维利、1712年托马斯·纽科门和1769年詹姆斯·瓦特都制造出了早期的工业蒸汽机，他们对蒸汽机的发展都做出了自己的贡献。1807年，罗伯特·富尔顿第一次成功地将蒸汽机用于轮船的驱动。瓦特并不是真正意义上的蒸汽机的发明者，在他之前，早就出现了蒸汽机，即纽科门蒸汽机(纽科门是英国工程师，他发明的常压蒸汽机是瓦特蒸汽机的前身)。纽科门蒸汽机是第一个实用的蒸汽机，曾被广泛应用了60多年，为后来蒸汽机的发展和完善奠定了基础。但是它的耗煤量大、效率低。后来瓦特逐渐发现了这种蒸汽机的毛病所在。1765~1790年，瓦特进行了一系列发明，比如分离式冷凝器、汽缸外设置绝热层、用油润滑润滑活塞、行星式齿轮、平行运动连杆机构、离心式调速器、节气阀、压力计等等，使蒸汽机的效率提

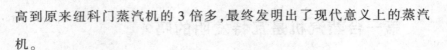

高到原来纽科门蒸汽机的 3 倍多,最终发明出了现代意义上的蒸汽机。

瓦特是如何发明现代意义上的蒸汽机的?

詹姆斯·瓦特是英国著名的发明家,出生于英国造船中心格拉斯哥附近的格林诺克小镇。瓦特的父亲当过造船工人,祖父、叔父都是机械工人。由于家庭的影响,瓦特自幼就熟悉了很多机械原理和制作技术。

瓦特是一个非常聪明的孩子,而且他勤奋好学,勇于探索,对发明创造非常感兴趣。有一天,父亲的朋友到他家做客,正好看到小瓦特坐在炉子旁边发呆,手里拿着纸和笔,地上有很多画过的图。他好心地说:"小瓦特应该上学了,别光在家用玩耍浪费宝贵的时光了。"父亲莞尔一笑,说:"谢谢你,我的朋友。不过,你还是看看我的儿子在玩什么吧……"原来,小瓦特在设计各种各样的玩具,还画了很多图样,这年小瓦特才刚刚 6 岁整。客人吃惊地说:"这孩子真了不起啊!"

还有一次,家里人全都出去了,只留下瓦特一个人看门。他呆呆地看着炉子上烧水的茶壶。水快烧开了,壶盖被蒸汽顶起来,一上一下地掀动着……他想:这蒸汽的力量真大呀!如果能制造一个更大的炉子,再用大锅炉烧开水,那产生的水蒸汽肯定会比这个大几十倍、几百倍。用它来做各种机械的动力,不就可以省去很多人力了吗?这就是后来人们传说中的"瓦特发明蒸汽机"的故事。小瓦特是这样设想过,但真正试制蒸汽机,却是后来的事情。

小瓦特为了搞发明创造，发愤学习科学知识。他 13 岁开始学习几何学；15 岁读完了《物理学原理》；17 岁开始当学徒工。此后，他才真正投入到蒸汽机的研制和发明之中，并且一发而不可收。

1757 年，瓦特到格拉斯哥大学当教学仪器修理工。那里既有完备的实验设施和各种仪器，又有很多著名学者和专家，这些都给瓦特提供了非常有利的条件。学校还专门为他创办了实验车间。1769 年，瓦特在大量试验的基础上，经过无数次失败，终于成功制成了一台单动式蒸汽机，并且获得了第一台蒸汽机的专利权。1782 年，瓦特又成功研制出一种新式双向蒸汽机，并且可以广泛地应用于各种机器上；1788 年，英国政府正式授予瓦特制造蒸汽机的专利证书；1775~1800 年，瓦特与波尔顿合办的苏霍工厂先后制造出 183 台蒸汽机，全部用于纺织业、冶金业和采矿业。到了 19 世纪 30 年代，蒸汽机推向了全世界，从此，人类社会进入了"蒸汽时代"。造福于人类的大发明家瓦特也将永远为世人所敬仰和怀念。

富尔顿是如何发明汽船的？

富尔顿是美国著名工程师。1807 年，富尔顿利用英国机器成功制造出了世界上第一个蒸汽机轮船"克莱蒙脱"号。因此，富尔顿是世界上轮船的首创者，他为世界人类航海事业的发展做出了卓越的贡献。

富尔顿出生在美国一个贫苦的农民家庭。由于父母没有钱供他去学堂读书，因此富尔顿自幼读书很少。富尔顿之所以后来能取得那么伟大的成就，是全凭他个人的努力和奋斗。

一口气读懂科技常识

　　富尔顿从小就爱幻想,比如,当他帮助大人干完农活之后,经常会一个人坐在农家阁楼上,在带有木格条的小窗户中,向田野望去,望着蔚蓝色的天空,冥思苦想,一坐就是个把钟头。

　　有一天,天气晴朗,河水清澈。小富尔顿和邻居大叔一起驾着小船到河上游去找活干。他们开始悠闲地撑着篙,逆流而上。小富尔顿是第一次离开自己村庄到外地去,因此心情格外高兴,情不自禁地唱起了美国乡村民谣。河水的"哗哗"声和小富尔顿的悠扬、婉转的歌声交织在一起,听来让人心旷神怡。早晨的太阳越升越高了,阳光洒在水波中,仿佛碎银子洒在绿色的缎带上一般。突然,水流湍急,小船在河中打起转来,小富尔顿和邻居大叔拼命地撑篙,汗水湿透了他们的衣服,但小船只能艰难地移动。小富尔顿心里想:撑篙太费力了,如果有一种东西能让船自动行走,那该多好啊!想象的翅膀在河中自由翱翔,小富尔顿仿佛看见在河中出现了一只自动行驶的船。他的神思又回到现实中来,对邻居大叔说:"大叔,撑篙又费劲,又缓慢,如果有一种东西能让船自动行走,那该多好啊!"

　　邻居大叔正用力撑着篙,听了小富尔顿的话,情不自禁地笑了。他用手背擦擦自己脸上的汗,笑着说:"假如有一种东西能让船自动行走,那这种东西是什么呢?"

　　"是啊,这种东西是什么呢?"小富尔顿的脸刹那间红了起来,他用力地撑了一下篙,低下头,又陷入了沉思。

　　从此以后,"怎样使船自动行走"便成了小富尔顿苦思冥想的中心问题。这就使得他长大以后,努力奋斗,终于成功制造了人类第一只蒸汽机轮船——"克莱蒙脱"号。

富尔顿从17岁开始就离家自谋生活，由于勤奋好学，为研制当时美国水运交通迫切需要的轮船，1793~1807年的10多年间，富尔顿进行了艰苦的研究和不断的实验，最后研制出以蒸汽机为动力的"克莱蒙脱"号新轮船，并于1807年8月17日在哈得逊河试航成功。次年，富尔顿又建造了2艘轮船，使轮船达到了实际应用水平。此外，富尔顿在运河闸口、纺麻机器等方面也有发明创造。

史蒂芬逊为什么被誉为"火车之父"？

当我们坐在隆隆飞驰的火车上时，很多人都可能以为它的发明者一定是一位博学多才、造诣精湛的大科学家。其实不然，被称为"火车之父"的史蒂芬逊是一位穷矿工，而且他到17岁时还是一个文盲。

1781年7月9日，乔治·史蒂芬逊出生在英国诺森伯兰的一个煤矿工人的家庭里。由于家庭贫困，史蒂芬逊8岁时就开始为人放牛。14岁那年，父亲把史蒂芬逊带到自己的矿上去做工，从此他成了一名蒸汽机司炉的助手。整天的劳累常常使史蒂芬逊腰酸腿疼，因而在他的心灵里，早就埋下了革新机械为工友们减轻苦痛的愿望。无论工作多么疲劳，业余时间史蒂芬逊从不肯休息，总是守在机器旁边，认真观察，仔细琢磨。但是由于他一天书也没念过，所以连机器上的标记符号和说明也看不懂。为了弥补自己在文化科学知识上的不足，史蒂芬逊在17岁时开始进夜校读书。由于他学习刻苦努力，没过多久就能自学各种科技书籍了。

有一天，矿上的一台机器突然坏了，几位机械师修了很长时间

也没找到故障原因所在。这时史蒂芬逊来了,他绕着机器转了几圈,就自告奋勇地说:"让我来试试看。"他把所有的部件都拆了下来,一件一件地进行认真检查,修理好出毛病的地方,很快照原样组装上,机器果然修好了,在场的人们发出一片赞叹声。史蒂芬逊因此被破例提拔为矿上第一个工匠出身的工程师。

史蒂芬逊当上工程师以后,并没有停留在已取得的成绩上,他决心把瓦特发明的蒸汽机用于交通运输。他在前人创造的机车模型的基础上,经过多次试验,终于在1814年制造出了一台能够实用的蒸汽机车,被称为"布拉策"号,这台机车能牵引30吨的载重量,还解决了火车经常脱轨的问题。但是这台机车也存在很多缺点,比如走得慢,震动厉害,噪声大,蒸汽机随时都有爆炸的可能,蒸汽机车开动时,浓烟滚滚,车轮摩擦铁轨时火星四溅,坐在车上的人满面烟尘,被颠得筋疲力尽,蒸汽机车在前进时不断从烟囱里冒出火来,把附近的树木都烧焦了。为此,史蒂芬逊继续不断试验、改进。又经过11年的刻苦研究,世界上第一台客货运蒸汽机车"旅行者"号终于诞生了。

1825年9月27日清晨,试车表演在世界上第一条铁路——英国的达林敦铁路上举行。史蒂芬逊亲自驾驶"旅行者"号。机车牵引着12节装着煤、面粉的车厢和20节满载乘客的车厢从伊库拉因开出,安全抵达达林敦车站。当时车上的乘客有450人,列车载重量共计90吨,机车最高时速达到20~24千米。"旅行者"号的试车成功,开辟了陆上运输的新纪元。

1829年,史蒂芬逊成功研制出"火箭"号新机车,并亲自驾驶参

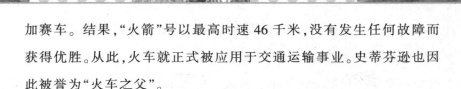

加赛车。结果，"火箭"号以最高时速 46 千米，没有发生任何故障而获得优胜。从此，火车就正式被应用于交通运输事业。史蒂芬逊也因此被誉为"火车之父"。

世界上第一台柴油机是谁发明的？

柴油机是一种用柴油作燃料的内燃机。柴油机属于压缩点火式发动机，由于它的主要发明者是狄塞尔，所以它又被称为狄塞尔引擎。

柴油机在工作时，吸入柴油机气缸内的空气，由于活塞的运动而受到较高程度的压缩，达到 500~700℃的高温，然后将燃油以雾状喷入高温空气中，与高温空气混合形成可燃混合气，自动着火燃烧。燃烧时释放的能量作用于活塞顶面上，从而推动活塞并通过连杆和曲轴转换为旋转的机械功。

1893 年，德国的鲁道夫·狄塞尔发明了世界上第一台柴油机。蒸汽机发明以后，鲁道夫·狄塞尔在慕尼黑技术大学上学时就对"蒸汽机"表现出了极大的兴趣。1892 年，年仅 34 岁的鲁道夫·狄塞尔就取得了将空气压进容器并且和煤粉充分混合直至被压燃而提供动力的机械装置的发明专利。次年，位于德国奥古斯堡的 MAN 公司根据这一专利制造出了世界上第一台柴油发动机的原型机，并将它命名为"狄塞尔"发动机。如同所有新生事物一样，狄塞尔发动机从诞生到完善经历了一个漫长的过程。不幸的是，狄塞尔在他 55 岁那年逝世了，他没能亲眼见到他发明的发动机装在汽车上。10 年之后，MAN 公司终于在柏林的汽车展览会上推出了第一台装在卡车

上的狄塞尔发动机。后来,设在曼海姆的奔驰公司制造出了带预燃室的狄塞尔发动机,并且将它装在了自己的卡车上。1936 年,梅塞德斯—奔驰公司制造出了第一台装有狄塞尔发动机的轿车。

一直到今天,柴油机的英文名称依然是"DIESEL ENGINE",即"狄塞尔"引擎。

什么是电气化铁路?

电气化铁路,亦称电化铁路,是用电力机车作为牵引动力的铁路。电气化铁路的牵引动力是电力机车,但机车本身并不带能源,所需的能源由电力牵引供电系统提供。牵引供电系统主要是指牵引变电所和接触网两大部分。变电所一般设在铁道附近,它将从发电厂经高压输电线送来的电流,输送到铁路上空的接触网上。接触网是向电力机车直接输送电能的设备。我们可以看到,沿着铁路线的两旁,架设着一排支柱,上面悬挂着金属线,这些金属线就是接触网。电力机车利用车顶的受电弓从接触网获得电能,从而牵引列车运行。

牵引供电制式按接触网的电流制分为直流制和交流制 2 种。直流制是将高压、三相电力在牵引变电所降压和整流后,再向接触网供直流电,这是发展最早的一种电流制,到了 20 世纪 50 年代以后就很少再使用了。交流制是将高压、三相电力在变电所降压和变成单相后,再向接触网供交流电。交流制供电电压较高,发展很快。我国电气化铁路的牵引供电制式从一开始就是采用的单相工频(50 赫)25 千伏交流制,这一选择非常有利于今后电气化铁路的发展。

　　和传统的蒸汽机车或柴油机车牵引列车运行的铁路相比，电气化铁路具有运输能力大、行驶速度快、消耗能源少、运营成本低、工作条件好、维修少、污染少等优点，因此它在技术和经济上均占有明显的优越性。

　　世界上第一条电气化铁路是1879年在德国柏林建成的。我国在1961年建成了第一条电气化铁路——宝成铁路的宝鸡—凤州段。此后，鹰厦、湘黔等干线也陆续建成电气化铁路区段。电气化铁路自问世以后发展非常迅速，法国、日本、德国等国家已形成以电气化铁路为主的铁路运输业，大部分货运量都是由电气铁路完成的。

世界上第一条地铁是哪国修建的？

　　地下铁道，简称为地铁或地下铁，狭义上专指在地下运行为主的城市铁路系统或捷运系统；但从广义上来讲，由于很多此类的系统为了与修筑环境相适应，可能也会有地面化的路段存在，因此地铁系统通常涵盖了各种地下与地面上的高密度交通运输系统。

　　世界上第一条地下铁路系统是在1863年开通的伦敦大都会铁路，这条铁路是为了解决当时伦敦的交通堵塞问题而修建的。不过由于当时电力还没有得到普及，所以即使是地下铁路也只能使用蒸汽机车。由于机车释放出的废气对人体非常有害，因此当时的隧道每隔一段距离便要有和地面打通的通风槽。

　　到了1870年，伦敦又开通了第一条客运的钻挖式地铁，不过这条铁路并不算成功，在运行几个月后便关闭了。现存最早的钻挖式地下铁路是在1890年开通的，也位于伦敦，连接市中心与南部地

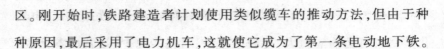

区。刚开始时,铁路建造者计划使用类似缆车的推动方法,但由于种种原因,最后采用了电力机车,这就使它成为了第一条电动地下铁。

1896 年,当时的奥匈帝国在布达佩斯开通了欧洲大陆的第一条地铁,长 5 千米,共有 11 站,至今仍在使用。

中国第一条地铁是什么时候建成的?

我国第一条地铁,即北京地铁一期工程,于 1969 年 10 月基本建成,1971 年 1 月试运营。

在地铁飞速发展的今天,大概已经很少有人知道,我国第一条地铁是如何诞生的。

在北京,说起要赶时间去什么地方,很多人的第一反应就是"坐地铁"。但是你是否了解,新中国第一条地铁——北京地铁一期工程的筹建,真可谓"两落三起"。

1953 年,我国第一次提出修建地铁的计划。1956 年,经党中央批准,北京地铁建设项目正式启动。1957 年,由于国内政治形势发生变化,地铁工程暂时中止。1959 年,地铁工程再次开工,并且成立了北京地下铁道工程局。

1961 年,中国遭逢三年自然灾害,地铁工程被迫再次中止。1965 年,我国经济得到复苏,十几年的"地铁梦想",在此时终于看到了圆梦的曙光。

从当时的交通状况来看,筹建地铁是一个相当"奢侈"的决定。新中国成立之初,北京常住人口还不到 300 万,机动车也只有 5000 多辆,而修建地铁不仅投资大,而且技术要求高,这对于新生的共和

国来说,无疑是百分之二百的难度。

1965 年 7 月 1 日,北京地铁一期工程开工典礼在京西玉泉路西侧隆重举行。当时从北京站到石景山 22 千米的路段 17 个站,几乎是同时分段开挖的,并且是 24 小时不间断施工。大卡车排着队从工地往外拉土,夜间灯光照得施工现场如同白昼。经过 4 年零 3 个月的奋战,1969 年 10 月 1 日,第一辆地铁机车从古城站呼啸驶出,结束了中国没有地铁的历史。

由于当时地铁建设的主导思想是"战备为主,兼顾交通",所以北京地铁在通车后并没有对公众开放。一直到 1971 年,北京地铁才开始试运营,老百姓可以花上 1 毛钱乘坐。1981 年 9 月 15 日,北京地铁正式对外运营。

随着北京地铁一号线的建成通车,40 年以来,我国地铁的建设如火如荼,四通八达的地铁大大方便了市民的出行。

世界上第一条商业运营的磁悬浮专线是哪一条?

磁悬浮列车是一种依靠磁悬浮力(即磁的吸力和排斥力)来推动的列车。由于磁悬浮列车轨道的磁力使列车悬浮于空中,行走时不需要接触地面,因此其阻力只是空气的阻力。磁悬浮列车的最高时速可以达到 500 千米以上。

磁悬浮技术的研究源于德国。早在 1922 年,德国工程师赫尔曼·肯佩尔就提出了电磁悬浮原理,并且在 1934 年申请了磁悬浮列车的专利。1970 年以后,随着世界工业化国家经济实力的不断增强,为了适应经济发展的需要,德国、日本等发达国家相继开始进行磁悬浮运输系统的开发。

一口气读懂科技常识

53

世界第一条磁悬浮列车示范运营线是我国的上海磁悬浮列车。建成以后,从浦东龙阳路站到浦东国际机场,30多千米的路程只需要8分钟。上海磁悬浮列车是"常导磁吸型"磁悬浮列车,简称"常导型",是利用"异性相吸"原理设计的。在列车两侧的转向架上安装有悬浮电磁铁,在轨道上也铺设有磁铁,这些磁铁可以产生强大的吸力,从而使车辆浮起来。

上海磁悬浮列车专线是由中德两国合作开发的世界第一条磁悬浮商运线。2001年3月1日,这项工程在浦东正式动土,2002年12月31日全线试运行,2003年1月4日正式开始商业运营。

什么叫智能交通系统?

智能交通系统的前身是智能车辆道路系统。智能交通系统将先进的信息技术、数据通讯传输技术、电子传感技术、电子控制技术以及计算机处理技术等有效地集中于一体,运用于整个交通运输管理体系,从而建立起一个在大范围内、全方位发挥作用的,实时、准确、高效的综合运输和管理系统。

智能交通系统的应用范围非常广,主要包括机场、车站客流疏导系统,城市交通智能调度系统,高速公路智能调度系统,运营车辆调度管理系统,机动车自动控制系统等。

智能交通系统的主要作用在于通过人、车、路的和谐、密切配合提高交通运输效率,缓解交通压力,提高路网运通能力,减少交通事故,降低能源消耗,减轻环境污染。

日本是目前世界上应用智能交通系统最为广泛的国家,其次是

美国和欧洲等地区。我国的北京、上海等地区也在广泛应用。

世界上第一辆汽车是谁发明的？

德国的卡尔·本茨是现代汽车工业的先驱者之一，是世界上第一辆汽车的制造者，人们都把他称为"汽车之父"。卡尔·本茨是世界公认的汽车发明者，他以其非凡的才智和坚韧不拔的钻研精神，制造出了汽车这一令世界惊叹的交通工具，从而大大提高了现代人的生活质量，拓展了现代人的生活空间。

1844年，卡尔·本茨出生于德国西部的卡尔斯鲁厄一个手工业者的家庭。他的父亲是一名火车司机，就在他快要降生人世的时候，父亲不幸在一次事故中遇难。小本茨还没出生就失去了父亲，所以他的童年生活异常艰难。

从中学时代开始，本茨就对自然科学产生了浓厚的兴趣。1860年，本茨进入卡尔斯鲁厄综合科技学校学习。在这里，他较为系统地学习了机械构造、机械原理、发动机制造、机械制造经济核算等课程，这为他日后的发展打下了坚实的基础。

在经历了学徒工、服兵役、娶妻生子等人生经历后，1872年，本茨下决心要创建一个工厂，即"奔驰铁器铸造公司和机械工场"，他在朋友那里借款组建了这所工厂。但由于当时经济不景气，他的生产受到了严重影响，一直到1877年，本茨还无力偿还朋友的2000万马克借款，工厂也面临倒闭的危险。就在本茨几近绝望的时候，他的耳畔再一次响起了老师"资本发明"的话，他认为只有"资本发明"才能拯救他。于是本茨决定制造发动机获取高额利润以摆脱困境，

他学习了奥托的煤气发动机，并领到了制造四冲程发动机和双冲程发动机的营业执照。经过1年多的设计与试制，1879年，本茨终于成功研制出了火花塞点火内燃机。随后他将内燃机改进为汽油发动机安将在三轮车上，车上装有3个实心橡胶轮胎的车轮，装有卧置单缸二冲程汽油发动机，虽然它的时速只有16千米，但当时人们的路上交通工具还主要是马车，因此这一速度足以令人"刮目"。该车已经具备了现代汽车的一些基本特点，如电点火、水冷循环、钢管车架、钢板弹簧悬挂、后轮驱动、前轮转向和掣动手把等。其齿轮齿条转向器是现代汽车转向器的鼻祖。

本茨向德国皇家专利局申报专利并在1886年1月29日获得批准，由此他取得了世界上第一个"汽车制造专利权"，因此1月29日被认为是世界汽车诞生日，1886年为世界汽车诞生年。这辆时速为16千米的三轮汽车被命名为"奔驰1号"。从此，本茨的事业蓬勃发展，拥有了德国最大的汽车制造厂，生产世界闻名的奔驰牌汽车。如今，这辆"奔驰1号"陈列在德国汽车发源地——斯图加特市的奔驰汽车博物馆里。

电车是一种怎样的交通工具？

电车，是指用电做动力的公共交通工具，电能从架空的电源线供给，电车分为无轨和有轨2种。

电车出现在城市街道上开始于19世纪80年代。1888年，美国人斯波拉格在里士满用一根带触轮的集电杆和一条架空输电线接触，并以钢轨为另一极。他对车辆的集电装置、控制系统、电动机的

悬挂方法以及驱动方式做了改进，于是现代有轨电车出现了。我国在 1906 年在天津创办了有轨电车交通系统。后来，上海、北京、沈阳、哈尔滨以及长春等城市先后建成电车系统。一直到 20 世纪 50 年代末，有轨电车仍然是非常重要的交通工具。

有轨电车因为要靠钢轨形成供电回路，所以必须在一条固定的路轨上行驶，这就使得它在交通拥挤的地方显得非常不方便。世界上第一辆无轨电车是德国人维尔纳·冯·西门子发明的。1911 年，世界上第一辆无轨电车在英国开始运营。这种车从车顶上的高架电线获得电力，用轮胎代替了路轨。无轨电车的灵活性要比有轨电车大得多，因此颇受人们欢迎。

如今，无轨电车已经在全世界范围内得到广泛使用。目前，英国制造的双层无轨电车在有些国家和地区非常受欢迎。1914 年，中国在上海开始使用无轨电车。迄今为止，北京、天津、广州、武汉等大城市都有无轨电车通行。在十分注重环境保护的今天，无轨电车作为无空气污染的环保明星，更加受到人们的欢迎。

自行车的发明经历了怎样一个历程？

自行车，又叫脚踏车或单车，通常是一种二轮的小型陆上车辆。人骑上自行车以后，以脚踩踏板为动力，因此自行车是一种绿色环保的交通工具。

关于自行车的发明者是谁历来说法不一，众说纷纭：

说法之一：中国是世界上最早发明自行车的国家。自行车的始祖被认为是公元前 500 多年古代中国人用来搬运货物的独轮车。清

一口气读懂科技常识

朝康熙年间，黄履庄发明了自行车：黄履庄所制双轮小车一辆，长三尺余，可坐一人，不须推挽，能自行。行时，以手挽轴旁曲拐，则复行如初，随住随挽，日足行八十里（摘自《清朝野史大观》卷十一）。这就是世界上最早的自行车。

说法二：自行车是西欧人发明的。公元 1790 年，法国人西夫拉克研制成木制自行车，没有车把、脚蹬和链条。车的外形像一匹木马的脚下钉着 2 个车轮，两个轮子固定在一条线上。由于这辆自行车没有驱动装置和转向装置，而且坐垫比较低，西夫拉克骑在车上，必须两脚着地，用力向后蹬，才能使车子沿直线前进。

1817 年，德国的冯·德莱斯发明了一种能自由活动的车把，从而使他的自行车转变起来比较灵便。德莱斯原来是一个看林人，每天都要从一片林子走到另一片林子，多年走路的辛苦激发了他想发明一种交通工具的欲望。他想：如果人能坐在轮子上，不就可以走得更快了吗？于是，德莱斯开始设计和制造自行车。他用 2 个木轮、1 个鞍座、1 个安在前轮上起控制作用的车把，制成了一辆轮车。人坐在车上，用双脚蹬地驱动木轮运动。

1839 年，苏格兰人马克米廉发明了脚蹬子，他把脚蹬子装在自行车前轮上，从而使自行车技术大大提高了一步。

1874 年，英国人罗松别出心裁地在自行车上装上了链条和链轮，用后轮的转动来推动车子前进。但是前轮偏大，后轮偏小，看起来不怎么协调，行起路来也不稳定。虽然如此，这也是一辆真正具有现代形式的自行车。

1886 年，英国机械工程师斯塔利从机械学和运动学的角度设计

出了新的自行车样式，为自行车安上了前叉和车闸，前后轮的大小相同，用以保持平衡，并用钢管制成了菱形车架，而且首次使用了橡胶的车轮。斯塔利不仅改进了自行车的结构，还改制了很多生产自行车部件用的机床，从而为自行车的大量生产和推广应用开辟了宽阔的前景，因此他被后人称为"自行车之父"。斯塔利所设计的自行车车型与今天自行车的模样基本一致了。

自此之后，自行车逐渐成为了大众化的交通工具，并逐渐向轻便、实用、美观的方向发展。

世界上第一艘潜艇是谁制造的？

潜艇是一种能潜入水下活动和作战的舰艇，也叫潜水艇，是海军的主要舰种之一。潜艇具有良好的隐蔽性、自给能力、续航能力和较强的突击威力。

在很早以前，人们就已经开始探索能在水下行驶的船只。世界上第一艘潜艇是荷兰发明家科尼利斯·德雷贝尔于 1620~1624 年间研制成功并进行试验的。德雷贝尔是著名的物理学家，他在英国制作了一艘木制框架，外包有皮革的小艇，艇峰外涂油，艇内有羊皮囊。向囊内注水，艇就会下潜，可潜入水下 3~5 米的深度。把羊皮囊里的水排出艇外，艇就能浮上水面。艇身有桨孔，由 12 名水手划桨行进。这是世界上第一艘人力潜艇，也是现代潜艇的雏形。这艘潜艇曾在泰晤士河成功地潜航了 2 个小时。

1775 年，美国独立战争爆发。美国人戴维·布什内尔建造了一艘由单人驾驶、以手摇螺旋桨为动力的木壳潜艇"海龟"号，它可以

在水下停留半个小时左右。这艘潜艇第一次执行攻击任务是在1776年。"海龟"号潜艇形似鹅蛋，尖头朝下，艇内仅能容纳一人，艇底设有水柜和水泵，另装有手摇螺旋桨，艇外还挂有炸药桶。美军命令一陆军中士驾艇偷袭停泊在纽约港的英国军舰"鹰"号。这位中士向艇底水柜内注水后便潜入水下。当行驶到"鹰"号舰底部时，便用木钻在其船底钻孔，准备吸附炸药桶。孰料该舰底部全以铜皮包封，钻不透。由于"海龟"号艇内空气只能维持30分钟，这位中士只得仓皇逃走。行驶不远便浮出水面，此时正好被英军巡逻艇发现，于是"海龟"艇便乘机点燃挂于艇外的炸药桶，这才得以脱身并安全返航。这是使用潜艇袭击敌舰的首次尝试。

1863年，法国建造了"潜水员"号潜力艇。这艘潜艇以压缩空气瓶内的空气推动活塞式发动机作为动力，这是世界上第一艘机械动力潜艇。1881年，爱尔兰籍美国人约翰·霍兰制造出了一艘装有一台15马力（1马力=0.735千瓦）汽油内燃机的"霍兰–II"型潜艇，这是世界上第一艘以内燃机为动力的潜艇。这种潜艇还装备有鱼雷，曾经在哈德逊河上成功地进行了试航。

世界上第一台电动机是谁发明的？

电动机是利用电流的磁效应原理制造而成的，发现这一原理的是丹麦物理学家奥斯特。

1831年，美国物理学家亨利设计出了最原始的电子式电动机。受到亨利的启发，一个名叫威廉·里奇的人设计并制造出了一台可以转动的电动机。里奇的这台电动机与我们今天在实验室里组装的

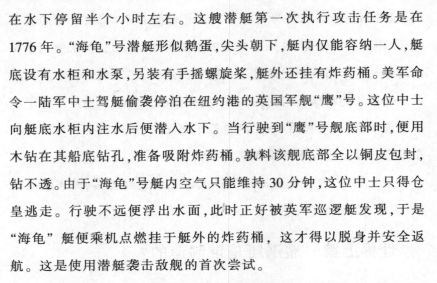

直流电动机模型非常相似。

到了 19 世纪 40 年代,俄国科学家雅科比使电动机变得更加实用了。他用电磁铁替代永久磁铁进行工作。这种新型电动机当时被安装在一艘游艇上,载着几名乘客驶过了涅瓦河。此事在当时引起了极大的轰动。此后,出生于克罗地亚的美国人特斯拉于 1888 年,制造出了第一台感应电动机,这种电动机是被应用最广的一种。感应电动机能将交流电快速输入一组称为"定子"的外线圈,继而产生一个旋转磁场。转轴里有一组线圈,称为"转子",它会被定子的旋转磁场感应出电流,然后转子会因电流变化而转变成电磁铁。

世界上第一台发电机是谁发明的?

1831 年,英国的物理学家、化学家迈克尔·法拉第在试验中发现,磁铁在线圈中移动时,线圈就会产生电流,这就是今天我们经常提到的电磁感应现象。法拉第还发现利用电磁作用能够得到旋转力,根据这一研究成果,法拉第试制出了世界上第一台发电机,为人类利用电能做出了巨大贡献。由于法拉第在电磁学方面的卓越成就和突出贡献,后人为了纪念他,于是将电容器的容量单位命名为"法拉",用字母"F"表示。

1866 年,德国电工学家、实业家恩斯脱·韦尔纳·冯·西门子研制出自激励式发电机;1870 年,比利时科学家 Z·T·克拉姆又在前人基础上研制出了自激励式直流发电机,在经一系列改进之后,电机技术日趋走向成熟。1877 年,真正实用的发电机开始进入商业化生产阶段。

一口气读懂科技常识

世界上第一个机器人是谁制造的？

1920 年，捷克斯洛伐克作家卡雷尔·恰佩克在其科幻小说《罗萨姆的机器人万能公司》中，根据 Robota（捷克文，原意为"劳役、苦工"）和 Robotnik（波兰文，原意为"工人"），创造出 Robot（机器人）一词。

1939 年，美国纽约世博会上展出了西屋电气公司制造的家用机器人 Elektro。这台机器人由电缆控制，可以行走，能说 77 个字，而且可以抽烟，不过离真正干家务活还差很远。但它让人们对家用机器人的憧憬变得更加具体。

1948 年，诺伯特·维纳出版了《控制论》，阐述了机器中的通信和控制机能与人的神经、感觉机能的共同规律，率先提出以计算机为核心的自动化工厂。

1954 年，美国人乔治·德沃尔成功研制出世界上第一台可编程的机器人，并且注册了专利。这种机械人能按照不同的程序从事不同的工作，因此具有通用性和灵活性。

1959 年，美国人英格伯格和德沃尔联手制造出世界上第一台工业机器人，他们认为汽车工业最适于使用机器人干活，因为使用重型机器进行工作，生产过程较为固定。随后，英格伯格成立了世界上第一家机器人制造工厂——Unimation 公司。由于英格伯格对工业机器人的研发和宣传做出了重大贡献，因此他被称为"工业机器人之父"。从此，机器人的历史才真正开始。

一口气读懂科技常识

生物生命科技篇

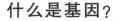

什么是基因？

基因，即遗传因子，是遗传的物质基础，是DNA（脱氧核糖核酸）分子上具有遗传信息的特定核苷酸序列的总称，是具有遗传效应的DNA分子片段。基因通过复制把遗传信息传递给下一代，使下一代出现与亲代相似的性状。人类大约有数万个基因，储存着生命孕育生长、凋亡过程的所有信息，通过复制、表达和修复，完成生命繁衍、细胞分裂、蛋白质合成等重要生理过程。基因是生命的密码，记录和传递着遗传信息。生物体的生、长、病、老、死等一切生命现象都与基因密切相关。基因同时也决定着人体健康的内在因素，与人类的健康密切相关。基因是由人体细胞核内的DNA（脱氧核糖核酸）组成，变幻莫测的基因排列顺序决定了人类的遗传变异特性。

基因有2个基本特点，①基因能忠实地复制自己，以保持生物的基本特征；②基因会发生"突变"，突变绝大多数会导致疾病，另外一小部分是非致病突变。

什么是重组DNA技术？

重组DNA技术，又称为遗传工程，是在体外重新组合脱氧核糖核酸（DNA）分子，并使它们在适当的细胞中增殖的遗传操作。这种操作可以将特定的基因组合到载体上，并使它在受体细胞中增殖和表达。因此，它不会受到亲缘关系的限制，为遗传育种和分子遗传学研究开辟了新的途径。

广义的遗传工程包括细胞水平上的遗传操作（即细胞工程）和分子水平上的遗传操作，即重组DNA技术（也称为基因工程）。狭义的遗传工程仅指后者，即基因工程。

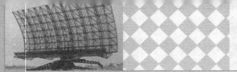

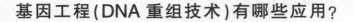

基因工程(DNA重组技术)有哪些应用？

(1)应用于生产领域

人们可以利用基因技术生产转基因食品。比如,科学家可以将某种肉猪体内控制肉的生长的基因植入鸡体内,从而让鸡也获得快速增肥的能力。但是,由于转基因的科技含量比较高,吃了转基因食品中的外源基因后可能会改变人的遗传性状,比如吃了转基因猪肉会变得好动,喝了转基因牛奶后容易患恋乳症等等。

(2)应用于军事

迄今为止,生物武器已经使用了很长的时间。细菌、毒气都令人闻之色变,现在传说中的基因武器更是令人心惊胆寒。

(3)应用于环境保护

针对一些破坏生态平衡的动植物,我们可以研制出一种专门的基因药物,既可以高效地杀死它们,又不会对其他生物造成影响,还可以节省成本。例如,一直危害我国淡水区域的水葫芦,如果有一种基因产品可以将它高效杀灭,那每年就可以节省几十亿的资金。

科学是一把双刃剑,基因工程也不例外。我们要发挥基因工程中能造福人类的部分,抑止它的害处。

(4)应用于医疗方面

随着对基因研究的不断深入,科学家发现很多疾病是由基因结构与功能发生改变所引起的。科学家不但能发现有缺陷的基因,而且还能掌握如何进行对基因诊断、修复、治疗和预防。这项成果将为人类的健康和生活带来不可估量的利益。

所谓基因治疗,是指用基因工程的技术方法,将正常的基因转入病患者的细胞中,以取代病变基因,从而表达所缺乏的产物;或者通过关闭或降低异常表达的基因等途径,达到治疗某些遗传病的目的。

基因治疗的最新进展是将基因枪技术用于基因治疗。其方法是将特定的 DNA 用改进的基因枪技术导入小鼠的肌肉、肝脏、脾、肠道和皮肤获得成功的表达。这一成功预示着人们未来可能利用基因枪传送药物到人体内的特定部位,以取代传统的疫苗接种,并利用基因枪技术来治疗遗传病。

(5)应用于基因工程药物研究

基因工程药物是重组 DNA 的表达产物。从广义上来说,凡是在药物生产过程中涉及用基因工程的,都可以称为基因工程药物。

(6)应用于农作物新品种的培育

科学家们在利用基因工程技术改良农作物方面已经取得了重大进展,一场新的绿色革命就在眼前。这场新的绿色革命的最显著特点就是生物技术、农业、食品和医药行业将融合到一起。

20 世纪五六十年代,由于杂交品种推广、化肥使用量增加以及灌溉面积的扩大,农作物产量大幅度提高。然而一些研究人员认为,这些传统方法目前已经很难再使农作物产量有进一步的提高。基因技术的突破使这一问题得到了有效的解决。例如,基因技术可以使农作物自己释放出杀虫剂,可以使农作物种植在旱地或盐碱地上,或者生产出营养更丰富的食品。基因技术还可以使开发农作物新品种的时间大为缩短,利用传统的育种方法,需要七八年时间才能培育出一个新的植物品种,研究人员运用基因工程技术可以将任何一种基因注入到一种植物中,从而培育出一种全新的农作物品种,时

间可以缩短一半。

(7)应用于分子进化工程的研究

分子进化工程是继蛋白质工程之后的第三代基因工程。它通过在试管里对以核酸为主的多分子体系施以选择的压力，模拟自然中生物进化的过程，以达到创造新基因、新蛋白质的目的。

分子进化工程需要 3 个步骤：扩增、突变和选择。①扩增是使所提取的遗传信息 DNA 片段分子获得大量的拷贝；②突变是在基因水平上施加压力，使 DNA 片段上的碱基发生变异，这种变异为选择和进化提供原料；③选择是在表型水平上通过适者生存、不适者淘汰的方式固定变异。

目前，科学家已经利用这种方法获得了可以抑制凝血酶活性的 DNA 分子，这类 DNA 具有抗凝血作用，它有可能代替溶解血栓的蛋白质药物，用以治疗心肌梗死、脑血栓等疾病。

什么是转基因技术？

转基因是指运用科学手段从某种生物中提取所需要的基因，然后将它转入另一种生物中，使它与另一种生物的基因进行重组，从而产生特定的具有优良遗传性状的物质。利用转基因技术可以改变动植物的性状，培育新品种。还可以利用其他生物体培育出人类所需要的生物制品，用于医药、食品等方面。

将人工分离与修饰过的基因导入到生物体基因组中，由于导入基因的表达，引起生物体的性状的可遗传的修饰，这一技术称为转基因技术。人们常说的"遗传工程"、"基因工程"、"遗传转化"等词都是转基因的同义词。经转基因技术修饰的生物体在媒体上通常被称

为"遗传修饰过的生物体"。

通俗地将，转基因就是通过生物技术，将某个基因从生物中分离出来，然后植入另一种生物体内，从而创造一种新的人工生物。例如，科学家认为北极鱼体内某个基因具有防冻作用，于是将这种基因抽出来，再植入番茄体内，从而制造出一种耐寒的番茄品种，这种番茄就是一种转基因生物。

转基因生物具有外来的基因，对大自然生态系统来说是全新品种。如果转基因生物释放到环境中，就有可能改变物种间的竞争关系，从而破坏原有的自然生态平衡，导致物种灭绝或生物多样性的丧失。转基因生物会在自然界中自我繁殖，并与其近亲品种杂交，从而使得外来基因在自然中以不可控制方式传播，造成不可挽回的基因污染。

转基因食品是怎么来的？

所谓转基因食品，就是利用分子生物学技术，将某些生物的基因转移到其他物种中去，改造生物的遗传物质，使其在性状、营养品质、消费品质等方面向人类所需要的目标转变，以转基因生物为直接食品或为原料加工生产的食品就叫做转基因食品。

转基因食品的研究已经有几十年的历史。20 世纪 90 年代初，市场上第一个转基因食品出现在美国，是一种保鲜番茄，这项研究成果原本是在英国研究成功的，但英国人没敢将它商业化，于是美国人就成了第一个吃螃蟹的人，这让保守的英国人追悔莫及。

自此之后，转基因食品如雨后春笋一般，一发不可收拾。据统计，美国食品和药物管理局确定的转基因品种已多达 43 种。美国是转基因食品最多的国家,60%以上的加工食品含有转基因成分,90%以上的大豆、50%以上的玉米、小麦都是转基因的。转基因食品有转基因植物和转基因动物之分。转基因植物如番茄、土豆、玉米等;转基因动物如鱼、牛、羊等。虽然转基因食品和普通食品在口感上没有很明显的差别,但是转基因的植物、动物具有明显的优势:优质高产、抗虫、抗病毒、抗除草剂、改良品质、抗逆境生存等。

转基因食品对人体健康有危害吗?

转基因食品毕竟不是一种"原汁原味"的"原装食品",面对日益增多的转基因食品,人们对它的接受程度并不一致,在全球范围内形成了两大阵营:以美国为首的主吃派和以欧洲为首的反对派。有关调查表明,美国、加拿大两国的消费者大部分已经接受了转基因食品,只有 27%的消费者认为食用转基因食品可能会危害身体健康。而在欧洲,大部分人是反对食用转基因食品的,其中英国最为明显,这里面是有原因的:1998 年,英国一位教授做了一个实验,实验结果表明,幼鼠食用转基因的土豆以后,其内脏和免疫系统受到损坏,这就对转基因食品的安全性提出了质疑。尽管英国皇家学会于1999 年 5 月发表声明说:此项研究"充满漏洞",得出转基因土豆有害生物健康的结论完全不足为凭。但是,转基因食品的安全性问题还是不可避免地引起了消费者的怀疑,将近 80%的英国人反对试种基因改良作物,抵制转基因食品进入市场。

那么,转基因食品到底存不存在安全性问题呢?它对身体健康究竟有没有危害呢?从本质上讲,转基因生物和常规育成的品种是相同的,两者都是在原有的基础上对某些性状进行修饰,或增加新

性状，或消除原有不利性状。常规育成的品种仅限于种内或近缘种间，而转基因植物中的外源基因可以来自植物、动物、微生物。虽然目前的科学水平还不能完全精确地预测一个外源基因在新的遗传背景中会产生怎样的相互作用，但从理论上讲，转基因食品是安全的。

食用转基因食品并不会产生副作用，因为：①转基因食品上市之前是经过大量试验和很多部门严格检验的；②转基因食品在体内不会造成积累。至于人们怀疑转基因食品可能对人体产生种种危害，主要是因为这些人对基因工程不了解，这些"危害"并无科学依据。

西方发达国家已经充分认识到转基因食品的发展前景，并且已经投入大量资金。尽管很多英国人反对转基因食品，但英国超过7000 种的婴幼儿食品、巧克力、面包、香肠等日用食品，都可能含有经过基因改造的大豆副产品。英国政府是转基因食品的积极支持者，前首相布莱尔就是一个转基因食品的推崇者。

我国人多地少的状况非常突出，因此基因工程是提高粮食产量及质量的重要途径。近几年来，我国对转基因食品的研究有了很大的发展，目前的研究开发已经居于世界中等水平，仅次于美国和加拿大。随着转基因食品商业化的步伐不断加快，转基因食品一定会成为人们餐桌上的美味佳肴。

什么是细胞工程？

细胞工程即在细胞水平上的生物工程，是指应用现代细胞生物学、发育生物学、遗传学及分子生物学的理论与方法，按照人们的需

一口气读懂科技常识

要和设计,在细胞水平上的遗传操作,重组细胞的结构和内含物,以改变生物的结构和功能,即通过细胞融合、核质移植、染色体或基因移植以及组织和细胞培养等方法,快速繁殖和培养出人们所需要的新物种的生物工程技术。细胞工程所使用的技术主要是细胞养殖和细胞融合。

细胞工程作为一种科学研究的新手段,已经渗入到生物工程的各个领域。它在农林、园艺、医学等领域中已经得到广泛的应用。

(1)粮食和蔬菜生产

利用细胞工程技术进行作物育种,是迄今为止人类受益最多的一个方面。运用传统的杂交育种方法,育成一个新品种一般需要8~10年,如果利用细胞工程技术对杂种的花药进行离体培养,可以大大缩短育种周期,一般能提前2~3年,而且有利于优良性状的筛选。目前,我国在这一领域已经达到世界先进水平。比如,我国采用花药单倍体育种的方法,培育出的水稻品种或品系有近100个,小麦有30个左右,其中河南省农科院培育的小麦新品种具有抗倒伏、抗锈病、抗白粉病等优良性状。

蔬菜是人类膳食中不可或缺的食物。蔬菜通常以种子、块根、块茎、插扦或分根等传统方式进行繁殖,花费成本比较低。但是,在引种与繁育、品种的种性提纯与复壮、育种过程的某些中间环节方面,植物细胞工程技术仍具有重大意义,例如,从国外引进蔬菜新品种,最初往往只有几粒种子或很少量的块根、块茎等,要进行大规模的种植,必须先大量增殖,这时就可以运用微繁殖技术,在较短时间内迅速扩大群体。另外,还可以结合植物基因工程技术,改良蔬菜品种。

(2)园林花卉

在果树、林木生产实践中,细胞工程技术的应用主要体现在微繁殖技术和去病毒技术两方面。几乎所有的果树都患有病毒病,并且大多是通过营养体繁殖代代相传的。用去病毒试管苗技术,可以有效地防止病毒病的侵害,恢复种性并加速繁殖速度。目前,香蕉、柑橘、山楂、葡萄、桃、梨、荔枝、龙眼、核桃等10多种果树的试管苗去病毒技术都已日臻成熟。

植物细胞工程技术使现代花卉生产发生了革命性的转变。1960年,科学家首次利用微繁殖技术将兰花的愈伤组织培养成植株后,很快形成了以组织培养技术为基础的工业化生产体系——兰花工业。现在,世界兰花市场上有150多种产品,其中大部分都是运用快速微繁殖技术得到的试管苗。从此,市场供应就摆脱了气候、地理以及自然灾害等因素的限制。

(3)临床医学和药物

1975年,英国剑桥大学的科学家利用动物细胞融合技术首次成功获得单克隆抗体,自此以后,很多人类无法治愈的病毒性疾病得以攻克。用单克隆抗体可以检测出多种病毒中极其细微的株间差异,鉴定细菌的种型和亚种。这些都是传统血清法或动物免疫法无法做到的,而且这种方法诊断非常准确,从而使误诊率大大降低。例如,抗乙型肝炎病毒表面抗原的单克隆抗体,其灵敏度比当前最佳的抗血清要高出100倍,能检测出抗血清的60%的假阴性。

生物药品主要有各种疫苗、菌苗、抗生素、生物活性物质、抗体等,是生物体内代谢的中间产物或分泌物。过去制备疫苗主要是从动物组织中提取,得到的产量很低而且很费时。现在,通过培养、诱

变等细胞工程或细胞融合途径，不仅大大提高了效率，而且能制备出多价菌苗，可以同时抵御2种以上的病原菌的侵害。用同样的方法，还可以培养出能在培养条件下长期生长、分裂并能分泌某种激素的细胞系。

（4）繁育优良品种

目前，人工受精、胚胎移植等技术已经广泛应用于畜牧业生产。精液和胚胎的液氮超低温（-196℃）保存技术的综合使用，使优良公畜、禽的交配数及交配范围大大扩展，并且突破了动物交配的季节限制。另外，可以从优良母畜或公畜中分离出卵细胞和精子，在体外受精，然后再将人工控制的新型受精卵种植到种质较差的母畜子宫内，从而繁殖优良新个体。综合运用各项技术，如胚胎分割技术、核移植细胞融合技术、显微操作技术等，在细胞水平上改造卵细胞，还可以创造出高产奶牛、瘦肉型猪等新动物品种。

什么是人类基因组计划？

人类基因组计划一般是指1990年美国政府资助启动的研究人类基因组的计划。这个计划被认为是生命科学研究领域中有史以来的第一个"大科学"项目，它的意义和影响被誉为不亚于研究原子弹的"曼哈顿计划"和载人飞船登月的"阿波罗计划"。人类基因组计划与"曼哈顿计划"、"阿波罗计划"并称为三大科学计划。之后世界各国也都有各自的研究人类基因组的计划。

人类基因组计划由美国科学家于1985年率先提出，并于1990年正式启动。美国、英国、法国、德国、日本和中国科学家共同参与了这一价值高达30亿美元的人类基因组计划。按照这个计划的设想，

一口气读懂科技常识

在 2005 年，要将人体内约 10 万个基因的密码全部解开，同时绘制出人类基因的谱图，即揭开组成人体 4 万个基因的 30 亿个碱基对的秘密。

所谓基因组，就是一个物种中所有基因的整体组成。人类基因组具有 2 层意义，即遗传信息和遗传物质。要揭开生命的奥秘，就必须从整体水平研究基因的存在、基因的结构与功能、基因之间的相互关系。

那么，为什么要选择人类的基因组进行研究呢？这是因为人类是在"进化"历程上最高级的生物。人类基因组计划的研究目的在于解码生命、了解生命的起源、了解生命体生长发育的规律、认识种属之间和个体之间存在差异的起因、认识疾病产生的机制以及长寿与衰老等生命现象、为疾病的诊治提供科学依据等等。

什么是"克隆"技术？

克隆是英文"clone"的音译，原意是指以幼苗或嫩枝插条，以无性繁殖或营养繁殖的方式培育植物，如扦插和嫁接。一般意义上的克隆是指生物体通过体细胞进行的无性繁殖，以及由无性繁殖形成的基因型完全相同的后代个体组成的种群。通常是指利用生物技术，由无性生殖产生与原个体有完全相同基因组织后代的过程。

克隆还可以理解为复制、拷贝，就是从原型中产生出同样的复制品，复制品的外表及遗传基因与原型完全相同。到了今天，"克隆"的含义不再仅仅是"无性繁殖"，凡是来自同一个祖先，无性繁殖出的一群个体，都叫"克隆"。这种来自同一个祖先的无性繁殖的后代群体叫做"无性繁殖系"，简称无性系。但是克隆与无性繁殖是有区

别的。无性繁殖是指不经过雌雄两性生殖细胞的结合，而只由一个生物体产生后代的生殖方式，常见的有孢子生殖、出芽生殖和分裂生殖。由植物的根、茎、叶等经过压条、扦插或嫁接等方式产生新个体的生殖方式也叫无性繁殖。

其实早在我国明朝时期，大作家吴承恩就对克隆有过精彩的描述——《西游记》中的孙悟空经常在紧要关头拔一把猴毛变出一大群猴子，用今天的科学名词来讲即孙悟空能迅速地克隆自己。

克隆的基本过程是这样的：先将含有遗传物质的供体细胞的核移植到去除了细胞核的卵细胞中，利用微电流刺激等使二者融合为一体，然后促使这一新细胞分裂繁殖发育成胚胎，当胚胎发育到一定程度后，再将它植入到动物的子宫中，让动物怀孕，由此便可生下与提供细胞者基因相同的动物。

克隆技术不需要雌雄交配，不需要精子与卵子的结合，只需要从动物身上提取一个单细胞，用人工的方法将其培养成胚胎，再将胚胎植入雌性动物体内，这样就可以孕育出新的个体。这种以单细胞培养出来的克隆动物，具有与单细胞供体完全相同的特征，是单细胞供体的"复制品"。英国苏格兰科学家和美国俄勒冈科学家先后培育出了"克隆羊"和"克隆猴"。克隆技术的成功，被人们称为"历史性的事件"、"科学的创举"。

克隆技术有哪些好处？

克隆技术对人类社会的积极作用主要体现在以下几方面：

(1)克隆技术和遗传育种。在农业方面，人们可以利用"克隆"技术培育出大量具有抗旱、抗倒伏、抗病虫害的优质高产品种，从而大

大提高粮食产量和粮食质量。在这方面我国已经迈入了世界最先进的行列。

(2)克隆技术和濒危生物保护。克隆技术对保护物种尤其是珍稀、濒临灭亡的物种来说是一个福音。从生物学的角度看,这也是克隆技术最有价值的地方之一。

(3)克隆技术和医学。在今天,医生几乎可以在所有人类器官和组织上施行移植手术。但就科学技术而言,器官移植中的排斥反应一直是最让人头疼的事。排斥反应的原因是组织不配型导致相容性差。如果把"克隆人"的器官提供给"原版人",作器官移植之用,则绝对没有排斥反应的忧虑,因为二者基因相配,组织也相配。但是问题是,利用"克隆人"作为器官供体是否合乎人道?是否合法?经济是否合算? 这些是必须考虑的问题。

克隆技术还可以用来大量繁殖有价值的基因,例如,在医学方面,人们可以通过"克隆"技术生产出治疗糖尿病的胰岛素、使侏儒症患者重新长高的生长激素和能抗多种病毒感染的干扰素等等。

(4)克隆技术可以解除那些不能成为母亲的女性的痛苦。

(5)克隆实验的实施促进了遗传学的发展,为"制造"能移植于人体的动物器官开辟了前景。

(6)克隆技术可以用于检测胎儿的遗传缺陷。将受精卵克隆用于检测各种遗传疾病,克隆的胚胎与子宫中发育的胎儿遗传特征完全相同。

(7)克隆技术可以用于治疗神经系统的损伤。成年人的神经组织不具备再生能力,但干细胞可以修复神经系统损伤。

(8)在体外受精手术中,医生常常需要把多个受精卵植入子宫,

以从中筛选一个进入妊娠阶段。但很多女性只能提供一个卵细胞用于受精。通过克隆可以很好地解决这一问题。这个卵细胞可以克隆成多个用于受精，从而大大提高妊娠成功率。

世界上最早的克隆羊诞生于什么时候？

1996年7月5日，在苏格兰爱丁堡市郊的罗斯林研究所里诞生了一头克隆羊羔，克隆羊项目小组的主管伊恩·威尔默特以著名乡村歌手多利·帕顿的名字为这头羊命名。

多利是世界上第一例没有经过精、卵结合，而由人工胚胎放入绵羊子宫内直接发育成的动物个体，也是人类首次利用成年动物体细胞克隆成功的第一个生命。

在培育多利羊的过程中，科学家采用了体细胞克隆技术。即从一只成年绵羊身上提取体细胞，然后将这个体细胞的细胞核注入另一只绵羊的卵细胞里，而这个卵细胞已经抽去了细胞核，最终新合成的卵细胞在第三只绵羊的子宫内发育形成了多利羊。从理论上讲，多利继承了提供体细胞的那只绵羊的遗传特征。

多利浑身上下一片洁白，长着细长的弯弯曲曲的羊毛，粉扑扑的鼻子，右耳上还系着一个红色小身份牌。培育多利羊的罗斯林研究所副所长格里芬说："小羊多利并不知道自己与众不同的身份，它像其他小羊一样吃草、睡觉和玩耍。几个月前还在生育自己的母亲面前撒欢。尽管目前它已重达45千克，但从年龄上讲它还是只小羊。"

1997年，多利首次公开亮相，震动了全世界，美国《科学》杂志将多利的诞生评为当年世界十大科技进步的第一项。

细胞核转移技术虽然取得了突破性进展，但培育合成卵细胞的失败率非常高，即使培育成胚胎，很多都会存在缺陷或者降生后早亡。2003年2月，不到7岁的多利因肺部感染而被科研人员实施"安乐死"，而普通绵羊通常可以存活11~12年。2003年2月15日出版的美国《华盛顿邮报》、《纽约时报》等各大国际报刊纷纷刊登文章缅怀这位小克隆羊"明星"，追述多利短暂而不平凡的一生。《华盛顿邮报》在文章中说："作为世界上最尊贵的一只羊，多利革新了科学界对分子生物学的认识，将会作为一座科学和文化的里程碑载入史册。"

　　克隆羊多利的诞生不仅对胚胎学、发育遗传学、医学具有重大意义，而且也有巨大的经济潜力。克隆技术不仅可以用于器官移植，造福人类，还可以通过这项技术改良物种，对畜牧业有很大的好处。克隆技术如果与转基因技术相结合，则可以大批量"复制"出含有可产生药物原料的转基因动物，从而使克隆技术更好地为人类服务。

　　目前，世界上第一批无性繁殖的转基因羊已在英国诞生。但我国有关科学家提出应当明令禁止克隆技术应用于人类，否则将会产生一系列伦理学、法律学等的灾难性问题。

　　世界上第一头体细胞克隆动物多利羊在给我们带来振奋、疑惑和争论的同时，也为我们留下了很多谜团，其中最大的一个谜就是克隆动物是否早衰，很多人将其称为"多利羊难题"。

克隆技术有哪些弊端？

　　科学是一把双刃剑，克隆技术在对人类具有重要意义的同时，也存在着诸多弊端：

(1)生态层面

克隆技术导致的基因复制,会威胁基因多样性的保持,生物的演化将出现一个逆向的颠倒过程,即由复杂走向简单,这对生物的生存是极其不利的。

(2)文化层面

克隆人是对自然生殖的取代和否定,它打破了生物演进的自然规律,带有典型的反自然性质。这与当今正在提倡的崇尚天人合一、回归自然的基本文化是相悖的。

(3)哲学层面

通过克隆技术实现人的自我复制和自我再现之后,可能会导致人的身心关系的紊乱。人的不可重复性和不可替代性的个性规定会由于大量复制而丧失唯一性,丧失自我及其个性特征的自然基础和生物学前提。

(4)使血缘生育构成的社会结构和社会关系遭到破坏

为什么不同的国家、不同的种族几乎全部反对克隆人,原因就在于这是另一种生育模式,现在单亲家庭子女教育问题备受关注,其实其重心就是关注一个情感培育问题,人的成长是在两性繁殖、双亲抚育的状态下完成的,从古至今一直如此,克隆人一旦出现,社会应该如何应对,克隆人与被克隆人的关系到底应该是怎样的呢?

(5)身份和社会权利难以分辨

如果有一天,突然有 20 个儿子来分割你的财产,他们的指纹、基因都是一样的,你该怎么办?是不是得像汽车挂牌照一样在他们额头上刻上克隆人 1 号、克隆 2 号之类的标记才能识别?

(6)导致缺陷的继续延续

即使说克隆人解决了某些人无法生育的问题,但是由于克隆是一种"完全的复制",你是否想到过:一个没有生育能力的人克隆的下一代还会产生没有生育能力的问题。

(7)有违伦理

对伦理学界来说,克隆人行为牵涉到一个很严重的伦理问题,因为它侵犯了伦理学的基本原则,比如不伤害原则、自主原则、平等原则等等。

(8)克隆后遗症

在克隆人研究中,假如出现异常,有缺陷的克隆人应该怎么处理?像克隆的动物那样随意处理掉吗?这可是一个大麻烦!

因此,在目前的环境下,无论从何种角度讲,克隆人都不能为人类社会所接受。

指纹是如何形成的?

人的皮肤是由表皮、真皮和皮下组织三部分组成的。指纹就是表皮上突起的纹线。虽然人人都有指纹,但每个人的指纹都具有独一无二性。伸出你的手,仔细观察一下,你就会发现小小的指纹也分为好几种形状:有同心圆或螺旋纹线,看上去仿佛水中的漩涡,这种叫做斗形纹;有的纹线向一边开口,就像簸箕似的,这种叫做箕形纹;有的指纹形状像弓一样,这种叫做弓线纹。每个人的指纹除形状不同之外,纹形的多少、长短也不一样。据说,全世界的60亿人中,还没有发现两个指纹完全相同的人呢!

指纹在胎儿出生后第三四个月就开始产生了,到第六个月左右就形成了。当婴儿长大以后,其指纹只是放大增粗,纹样不会发生改

一口气读懂科技常识

变。

目前尚未发现有不同的人拥有完全相同的指纹,因此每个人的指纹都是独一无二的。那么,究竟是什么原因导致了指纹的独一无二性呢?

指纹主要受遗传影响,由于每个人的遗传基因都不相同,所以每个人的指纹也不相同。然而,指纹的形成虽然主要受到遗传影响,但其中也有环境因素的影响,当胎儿在母体中发育 3~4 个月时,指纹就开始形成,儿童在成长期间指纹会略有改变,直至青春期 14 岁左右时才会最终定型。在皮肤发育过程中,虽然表皮、真皮和基质层都在共同生长,但柔软的皮下组织比相对坚硬的表皮长得更快一些,因此会对表皮产生源源不断的上顶压力,从而迫使长得较慢的表皮向内层组织收缩塌陷,逐渐变弯打皱,以减轻皮下组织施加给它的压力。如此一来,一方面用力向上顶,一方面被迫向下撤,结果便是表皮长得曲曲弯弯,凹凸不平,形成纹路。这种变弯打皱的过程随着内层组织产生的上层压力的变化而波动起伏,形成凹凸不平的脊纹或皱褶,直至发育过程结束,最终定型为至死不变的指纹。

指纹有哪些用途?

你可不要小看这小小的指纹,它的用途很多!

(1)指纹由皮肤上很多小颗粒排列组成,这些小颗粒感觉十分敏锐,只要用手接触物体,就会立刻将感觉到的冷、热、软、硬等"情报"汇报给大脑这个"司令部"。大脑根据这些"情报",发号施令,指挥动作。

(2)指纹具有增强皮肤摩擦的作用,从而使手指能紧紧地握住东

西,不易滑脱。我们平时写字、画画、拿工具、做手工,之所以能够得心应手,运用自如,这里面都有指纹的一份功劳。

(3)由于指纹的独一无二性,它很早就引起人们的兴趣。在古代,人们经常把指纹当作"图章",印在公文上。据史书记载,早在3000年前的西周,我国就已经利用指纹来签文书、立契约了。

(4)由于指纹是每个人独有的标记,犯罪分子在作案现场留下的指纹,均成为警方追捕疑犯的重要线索。据说,早在100多年前,人们就开始利用指纹破案。指纹的取证,主要包括指纹的搜寻和发现。指纹的搜寻范围主要有:犯罪活动中心;现场的进出口及其周围;犯罪分子可能接触过的物品;犯罪分子遗留在现场上的各种凶器和物品。

(5)患有特殊疾病的人在现场留下"特殊指纹"的情况,主要见于某些能使患者的汗液发生变化的疾病。比如糖尿病,由于使患者汗液中糖分增加,如果大量出汗留下指纹,就有可能出现像有些小说中描述的蚂蚁、蜜蜂聚集的现象。如果有人长期使用劣质瓷茶杯喝茶,产生铜中毒,结果出现了流红汗的现象。这种病人如果留下指纹,就会发现其指纹是红色的。

(6)随着科技的进一步发展,指纹在医学上也有了新的用途。有的医生发现,通过检查人的指纹、掌纹,能够查出某些疾病。

(7)近几年来,指纹又和电脑成了好朋友。 目前很多商家开始利用指纹的独一无二性,研制出一些高科技的设备,用以体现指纹给生活带来的方便和安全,比如指纹锁、指纹门禁、指纹考勤机、指纹采集仪、指纹保险柜、网络指纹登陆技术等等。据有关调查显示,国内很多高档智能小区都安装有指纹锁、指纹门禁,从而保证了居

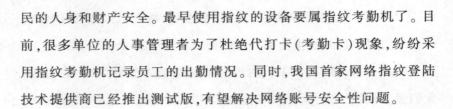

民的人身和财产安全。最早使用指纹的设备要属指纹考勤机了。目前,很多单位的人事管理者为了杜绝代打卡(考勤卡)现象,纷纷采用指纹考勤机记录员工的出勤情况。同时,我国首家网络指纹登陆技术提供商已经推出测试版,有望解决网络账号安全性问题。

什么是食品添加剂?

所谓食品添加剂,指的是为改善食品品质和色、香、味以及为防腐、保鲜和加工工艺的需要而加入食品中的人工合成的或天然的物质。

食品添加剂是用于改善食品品质、延长食品保存期、便于食品加工和增加食品营养成分的一类化学合成或天然物质。食品添加剂能够起到提高食品质量和营养价值,改善食品感观性质,防止食品腐败变质,延长食品保藏期,便于食品加工和提高原料利用率等作用。迄今为止,我国已经有 20 多类、近 1000 种食品添加剂,如酸度调节剂、甜味剂、漂白剂、着色剂、乳化剂、增稠剂、防腐剂、营养强化剂等。因此可以说,几乎所有的加工食品中都含有食品添加剂。合理使用添加剂对人体健康以及食品安全是有益无害的,只要在食品生产中按照国家标准添加食品添加剂,消费者就可以放心地购买和食用这些加工食品。

常用的食品添加剂有哪些?

在食品加工生产中,经常用到的食品添加剂主要有防腐剂、抗氧化剂、发色剂、漂白剂、酸味剂、凝固剂、疏松剂、增稠剂、消泡剂、甜味剂、着色剂、乳化剂、品质改良剂、抗结剂、增味剂、酶制剂、被膜

剂、发泡剂、保鲜剂、香料、营养强化剂等等。下面简单介绍一下其中几种最常用的。

(1)防腐剂：常用的有苯甲酸钠、山梨酸钾、二氧化硫、乳酸等。防腐剂主要用于果酱、蜜饯等食品加工中。

(2)抗氧化剂：与防腐剂相类，可以延长食品的保质期，常用的有维生素 C、异维生素 C 等。

(3)着色剂：常用的合成色素有胭脂红、苋菜红、柠檬黄、靛蓝等。着色剂能够改变食品的外观，以增强消费者的食欲。

(4)增稠剂和稳定剂：可以改善或稳定冷饮食品的物理性状，使食品外观润滑细腻。增稠剂和稳定剂可以使冰激凌等冷冻食品长期保持柔软、疏松的组织结构。

(5)营养强化剂：可以增强和补充食品的某些营养成分，如矿物质和微量元素(维生素、氨基酸、无机盐等)。一般婴幼儿配方奶粉都含有各种营养强化剂。

(6)膨松剂：在部分糖果和巧克力中添加膨松剂，可以促使糖体产生二氧化碳，从而起到膨松的作用。常用的膨松剂有碳酸氢钠、碳酸氢铵、复合膨松剂等。

(7)甜味剂：常用的人工合成的甜味剂有糖精钠、甜蜜素等。甜味剂可以增加食品的甜味感。

(8)酸味剂：常用的酸味剂有柠檬酸、酒石酸、苹果酸、乳酸等。在部分饮料、糖果中添加酸味剂可以调节和改善香味效果。

(9)增白剂：过氧化苯甲酰是面粉增白剂的主要成分。按照我国《食品安全法》的有关规定，我国允许在面粉中添加增白剂的最大剂量为 0.06 克/千克。增白剂一旦超标，就会破坏面粉的营养成分，水

解后产生的苯甲酸还会对肝脏造成损害。目前,过氧化苯甲酰在欧盟等发达国家已经被禁止作为食品添加剂使用。

(10)香料:香料有合成的,也有天然的,香型很多。我们经常吃的各种口味的巧克力,在生产过程中就广泛使用了各种香料,目的就是使其具有各种独特的风味。

怎样饮奶才算科学?

虽然喝牛奶对身体健康有益,但是仍有很多人在喝奶方面存在一些观念上的误区,现在就简单介绍一下科学饮奶的常识。

(1)不宜在早晨起床后空腹喝奶。因为人体空腹时胃肠蠕动加快,牛奶中营养物质往往来不及被吸收就匆匆进入大肠。另外,大口喝奶的方法也不正确,因为这样会减少牛奶在口腔中与唾液混合的机会,不利于消化吸收。喝牛奶之前最好先吃些饼干、糕点等,或者边吃点心边喝牛奶。

(2)晚上喝奶更有利于身体健康。科学家经过研究发现,人体中的钙代谢有一个特殊的规律:晚间特别是午夜之际,血浆中的钙含量会出现一个"低谷",从而迫使机体通过调节机制调运一部分骨骼中的钙来补充。这样,血液中的钙虽然暂时得到维持,但骨骼中的钙却会因此减少。牛奶中含有丰富钙质,因此临睡前喝杯牛奶,可以有效补充人体夜间对钙的需求。

(3)牛奶不宜加糖煮沸。牛奶中含有丰富的氨基酸,在高温条件下,牛奶中的赖氨酸(人体必需的氨基酸之一)与糖发生梅拉德反应,生成一种新化合物——果糖基氨基酸。这种物质不但不能为人体消化吸收,而且会影响人体健康,因此,牛奶最好新鲜饮用,如果

太冷稍微加热即可。

(4)不爱喝牛奶可以饮酸奶。对牛奶有"反感"的人大多数患乳糖不耐症,这些人可以尝试着饮用酸奶。酸奶中的乳糖含量比牛奶少,但几乎完全保留了牛奶的营养成分,酸奶中的乳酸菌在人体内能存活繁殖,有利于营养物质的吸收利用并提高免疫力。酸奶中不含抗生素,容易被人体消化吸收,因此可以空腹饮用。

(5)酸奶也不能加热饮用。喝酸奶主要是饮用它的营养和活菌,如果加热饮用,人体只能喝到营养,但却失去了具有生物活性的乳酸菌,因此酸奶不宜加热饮用。

什么是抗生素?

抗生素是由微生物(如细菌、真菌、放线菌属)或高等动植物在生活过程中所产生的具有抗病原体或其他活性的一类次级代谢产物,并能干扰其他生活细胞发育功能的化学物质。目前临床常用的抗生素有微生物培养液中提取物和用化学方法合成或半合成的化合物。

抗生素有天然品和人工合成品之分,前者由微生物产生,后者是对天然抗生素进行结构改造获得的部分合成产品。

1981 年,我国第四次全国抗生素学术会议指出,近些年来在抗生素的作用对象方面,除了抗菌以外,在抗肿瘤,抗病毒,抗原虫、寄生虫和昆虫等领域也有很大的发展。有些抗生素具有抑制某些特异酶的功能,还有一些抗生素则具有其他的生物活性或生理活性的作用。由于"抗菌素"早已超越了抗菌范围,继续使用"抗菌素"这一名词已经不能适应专业的进一步发展,也不符合实际情况了。因此,会

议决定将抗菌素正式更名为"抗生素"。

抗生素是如何被发现的？

人们把由某些微生物在生活过程中产生的，对某些其他病原微生物具有抑制或杀灭作用的一类化学物质称为抗生素。很早以前，人们就发现某些微生物对另外一些微生物的生长繁殖具有抑制作用，人们把这种现象称为抗生。随着科技的进一步发展，人们终于找出了抗生现象的本质，从某些微生物体内找到了具有抗生作用的物质，并将这种物质命名为抗生素，如青霉菌产生的青霉素，灰色链丝菌产生的链霉素等都有明显的抗菌作用。

因为最初发现的一些抗生素主要对细菌具有杀灭作用，因此一度将抗生素称为抗菌素。但是随着抗生素的不断发展，抗病毒、抗衣原体、抗支原体，甚至抗肿瘤的抗生素纷纷被发现并应用于临床，显然抗菌素的名称已经不合时宜，也不符合实际了。抗肿瘤抗生素的出现，说明微生物产生的化学物质除了原先所说的抑制或杀灭某些病原微生物的作用之外，还具有抑制癌细胞增殖或代谢的作用，因此，抗生素的最新定义应该是：由某些微生物产生的，能抑制微生物和其他细胞增殖的化学物质叫做抗生素。

使用抗生素应该注意哪些问题？

临床使用抗生素时必须充分考虑以下几个基本问题：

(1)严格掌握适应证，凡是可用可不用的尽量不用，而且除了考虑抗生素的抗菌作用的针对性外，还必须掌握药物的不良反应和体内过程与疗效的关系。

（2）发热原因不明者不宜采用抗生素。除病情危重且高度怀疑为细菌感染者外，发热原因不明者不宜使用抗生素，因为使用抗生素后常致使病微生物不易检出，并且使临床表现不典型，从而影响临床确诊，延误治疗。

（3）病毒性或估计为病毒性感染的疾病不宜使用抗生素，因为抗生素对各种病毒性感染并无疗效，对麻疹、腮腺炎、伤风、流感等患者给予抗生素治疗是没有多大意义的。咽峡炎、上呼吸道感染者90%以上是由病毒所引起的，因此除能肯定为细菌感染者外，一般不采用抗生素。

（4）皮肤、黏膜局部损伤应尽量避免使用抗生素，因为用后易发生过敏反应，而且容易导致耐药菌的产生。因此，除主要供局部用的抗生素如新霉素、杆菌肽外，其他抗生素特别是青霉素G应尽量避免使用。在眼黏膜及皮肤烧伤时使用抗生素要选择适合的时期和合适的剂量。

（5）在下列情况下可以使用抗生素进行预防治疗：

①风湿热病人，定期采用青霉素G，以消灭咽部溶血链球菌，防止风湿热复发。

②风湿性或先天性心脏病进行手术前后用青霉素G或其他适当的抗生素，以防止亚急性细菌性心内膜炎的发生。

③战伤或复合外伤后，可采用青霉素G或四环素族以防止气性坏疽。

④结肠手术前采用卡那霉素、新霉素等作肠道准备。

⑤严重烧伤后，在植皮前应用青霉素G消灭创面的溶血性链球菌感染，或按创面细菌和药敏结果采用适当的抗生素防止败血症的

发生。

⑥慢性支气管炎或支气扩张症患者,可在冬季预防性应用抗生素(限于门诊)。

⑦颅脑术前1天应用抗生素,可以预防感染。

(6)注重综合治疗的重要性。在应用抗生素治疗感染性疾病的过程中,应该充分认识到人体防御机制的重要性,不能过分依赖抗生素的功效而忽视了人体内在的因素,当人体免疫球蛋白的质量和数量不足、细胞免疫功能低下,或吞噬细胞性能与质量不足时,抗生素治疗也难以奏效。因此,在使用抗生素的同时应尽最大努力使病人全身状况得到改善,即采取各种综合措施,以提高机体的抵抗能力,如降低病人过高的体温,注意饮食和休息,纠正水、电解质和碱平衡失调,改善微循环,补充血容量,处理原发性疾病和局部病灶等。

(7)连续使用抗生素不宜超过1周。如果超量使用抗生素,很容易导致女性患上霉菌性阴道炎。阴道炎的产生并非完全由于个人卫生,过量服用抗生素也是导致阴部炎产生的重要原因之一。事实上,抗生素的副作用之一就是破坏人体体内细菌群落的平衡。

美国有一项调查表明:使用一种强力抗生素超过1周,女性中会有近1/2的人发生霉菌感染。实际上,健康女性的阴道中天生就有一种"自洁"的能力,阴道中有一种乳酸杆菌,能够始终保持阴道内环境呈适度酸性,这样,习惯于生长在碱性环境中的霉菌,在正常情况下,就不能在阴道环境里生存。如果长期使用抗生素,就会使阴道中的乳酸菌受到抑制,从而失去对霉菌的抵抗作用,扰乱阴道的自然生态平衡,改变阴道的微环境,致使细菌病原体迅速繁殖,导致霉菌性阴道炎的发生。

一口气读懂科技常识

什么是生物制药？

生物药物，是指运用微生物学、生物学、医学、生物化学等的研究成果，从生物体、生物组织、细胞或体液中，综合利用微生物学、化学、生物化学、生物技术、药学等科学的原理和方法制造的一类用于预防、治疗和诊断的制品。生物药物的原料以天然的生物材料为主，主要包括微生物、人体、动物、植物、海洋生物等。

生物药物的优点是药理活性高、毒副作用小、营养价值高。生物药物主要有蛋白质、核酸、糖类、脂类等。这些物质的组成单元是氨基酸、核苷酸、单糖、脂肪酸等，它们不但对人体没有危害，而且还是非常重要的营养物质。

目前，全世界的医药制品已有一半是生物合成的，尤其是合成分子结构复杂的药物时，生物合成法不仅比化学合成法简便，而且具有更好的经济效益。

近半个世纪以来，微生物转化在药物研制中一系列突破性的应用给医药工业创造了巨大的医疗价值和经济效益。微生物制药工业生产的特点是利用某种微生物的"纯种状态"，即不仅"种子"要优并且只能是一种，如其他菌种进来即为杂菌。对固定产品而言，一定按工艺有它最合适的培养基，来供它生长。培养基的成分不能随意改变，一个菌种在同样的发酵培养基中，因为只少了或多了某个成分，发酵的成品就会完全不同，比如金色链霉菌在含氯的培养基中可以形成金霉素，而在没有氯化物或在培养基中加入抑制生成氯化的物质，就会产生四环素。药物生产菌投入发酵罐生产，必须经过种子的扩大制备。从保存的菌种斜面移接到摇瓶培养，长好的摇瓶种子接

入培养量大的种子罐中,生长好以后再接入发酵罐中培养。不同的发酵规模也有不同的发酵罐,如 10 吨、30 吨、50 吨、100 吨,甚至更大的罐。

我们平时吃的维生素、红霉素、洁霉素等,注射用的青霉素、链霉素、庆大霉素等都是用不同微生物发酵制成的。医药上应用广泛的抗生素绝大多数也是来自于微生物,每种产品都有严格的生产标准。随着生物制药科技的不断进步,生物制药将广泛用于治疗癌症、艾滋病、冠心病、贫血、发育不良、糖尿病等疾病。

生物进化论是谁提出的?

生物进化论,简称为进化论,是生物学最基本的理论之一。所谓进化,是指生物在变异、遗传和自然选择作用下的演变发展,物种淘汰和物种产生的过程。地球上原本没有生命,大约在 30 多亿年前,在一定的条件下,形成了原始生命。随后,生物不断地进化,从而形成了各种各样的物种。迄今为止,世界上存在着 170 多万个物种。

生物进化论最早是由查尔斯·罗伯特·达尔文提出的。达尔文在其著作《物种起源》中对进化论作了详细的阐述。

1858 年 7 月 1 日,达尔文和华莱士在伦敦林奈学会上宣读了关于物种起源的论文,后人称他们二人的自然选择学说为达尔文—华莱士学说。1859 年,达尔文在《物种起源》一书中系统地阐述了他的进化学说。进化论的核心是自然选择原理,其大意如下:生物都有繁殖过剩的倾向,而生存空间和食物是有限的,因此生物必须"为生存而斗争"。在同一种群中的个体存在着变异,那些具备能适应环境的有利变异的个体将存活下来,并且繁衍后代,不具备有利变异的个

一口气读懂科技常识

体就被淘汰。如果自然条件的变化是有方向的,则在历史过程中,经过长期的自然选择,微小的变异就得到积累而成为显著的变异,由此可能导致亚种和新种的形成。

达尔文的进化论,从生物和环境相互作用的观点出发,认为生物的变异、遗传和自然选择作用能导致生物的适应性改变。由于进化论以充分的科学事实为根据,因此经受住了时间的考验,100余年来在学术界产生了深远的影响。

谁是世界上最早的试管婴儿?

所谓试管婴儿,就是指采用人工方法让卵细胞和精子在体外受精,并且进行早期胚胎发育,然后移植到母体子宫内发育而诞生的婴儿。

试管婴儿是伴随着体外授精技术的发展而产生的。试管婴儿最初是由英国产科医生帕特里克·斯特普托和生理学家罗伯特·爱德华兹合作研究成功的。试管婴儿一诞生,立即引起了世界科学界的轰动,被科学界称为人类生殖技术的一大创举,同时为治疗不孕不育症开辟了新的途径。

试管婴儿的诞生过程大致是这样的:让精子和卵子在试管中结合而成为受精卵,然后再把它送回女方的子宫里,让其在子宫腔里发育成熟,与正常受孕妇女一样,怀孕到足月,正常分娩出婴儿。对于患有输卵管堵塞等疾病的妻子,可以通过手术直接从她的卵巢内取出成熟的卵细胞,然后在试管里将卵细胞与丈夫的精子混合,从而结合成受精卵。对于精子少或精子活动能力弱的丈夫,则可以通过一枚极其微细的玻璃吸管,从他的精液中选出健壮的精子,将它

直接注入卵细胞中,形成受精卵。

等到受精卵在体外形成早期胚胎之后,就可以将它移入妻子的子宫了。假如妻子的子宫患有疾病,还可以将早期胚胎移入自愿做代孕母亲的女性子宫里,如此一来,生出的小宝宝就有"两个母亲"了,一个是给了他遗传基因的母亲,另一个是给了他血肉之躯的母亲。

1944 年,美国人洛克和门金首次进行这方面的尝试。1978 年 7 月 25 日 23 时 47 分,世界上第一个试管婴儿布朗·路易丝在英国的奥尔德姆市医院诞生。此后,该项研究迅速发展,到 1981 年已扩展到 10 多个国家。1988 年 3 月 10 日,我国第一个试管婴儿诞生。1988 年 3 月 10 日 8 时 56 分,当张丽珠教授手托婴儿头、取出婴儿时,一阵清脆的婴儿啼哭声将医护人员震得心花怒放。这个婴儿来到人间的第一声啼哭不仅表明了一个新生命的诞生,同时也表明了中国现代医学技术完成了一次巨大突破。

做试管婴儿适用于哪些人群?

试管婴儿主要适用于以下几类人群:

(1)女性患有严重的输卵管疾病,比如由于盆腔炎导致输卵管堵塞、积水;输卵管结核而子宫内膜正常;异位妊娠术后输卵管堵塞等。

(2)女性患有子宫内膜异位症。

(3)免疫性不孕症,男方精液或女方宫颈黏液内存在抗精子抗体者。

(4)男性因素,即男子少精症、弱精症、畸精症等。

（5）原因不明的不孕症。

（6）其他原因的不孕治疗无效者。

（7）有遗传性疾病需要做移植前诊断者。

（8）其他情况，比如卵泡不破裂综合征等。

艾滋病是怎么来的？

艾滋病，即获得性免疫缺陷综合征，也译作后天性免疫缺陷症候群，是英文缩写 AIDS 的音译，其英文全称为 Acquired Immune Deficiency Syndrome，分为 HIV-1 型和 HIV-2 型两种类型，是人体注射感染了"人类免疫缺陷病毒"（又称为艾滋病病毒，英文简写作 HIV，为 Human Immunodeficiency Virus 的缩写）所导致的传染病。艾滋病被称为"史后世纪的瘟疫"，也被称为"超级癌症"和"世纪杀手"，由此可见，艾滋病对人类的危害几乎到了"谈艾色变"的程度。

HIV 是一种能攻击人体内脏系统的病毒。它以人体免疫系统中最重要的 T4 淋巴组织作为攻击对象，大量破坏 T4 淋巴组织，从而导致高致命性的内衰竭。这种病毒在地域内终生传染，破坏人体的免疫平衡，使人体成为各种疾病的载体。HIV 本身并不会引发任何疾病，而是当免疫系统被 HIV 破坏以后，人体由于抵抗能力过低，丧失复制免疫细胞的机会，从而感染其他的疾病导致各种复合感染而死亡。艾滋病病毒在人体内的潜伏期平均为 12~13 年，在发展成艾滋病病人之前，病人的外表看上和正常人一样，他们可以没有任何症状地生活和工作很多年。

经过一系列的调查研究，科学家们最终发现，艾滋病最初是在西非传播的，是一位非洲男子与其他灵长类动物性交后传染开的，

当时该男子在与其他灵长类动物性交后，再与其他同性者性交，才开始有了艾滋病。

由美国、欧洲和喀麦隆科学家组成的一个国际研究小组说，其通过野外调查和基因分析证实，人类艾滋病病毒 HIV-1 起源于野生黑猩猩。其实，艾滋病的起源应该在非洲。1959 年，刚果当时还是法属殖民地。一个自森林中走出的土人，被邀请参与一项和血液传染病有关的研究。他的血液样本经过化验后，便被冷藏起来，自此尘封了数十年。万万没想到的是，数十年之后，这个血液样本竟然成了解开艾滋病来源之谜的重要线索。

艾滋病起源于非洲，后由殖民者带入美国。1981 年 6 月 5 日，美国亚特兰大疾病控制中心在《发病率与死亡率周刊》上简明介绍了 5 例艾滋病病人的病史，这是世界上第一次有关艾滋病的正式记载。1982 年，这种疾病被正式命名为"艾滋病"。不久之后，艾滋病迅速蔓延到各大洲。1985 年，一位到中国旅游的外籍青年患病入住北京协和医院，不久便死亡，后被证实死于艾滋病。这是我国首次发现的艾滋病病例。

艾滋病有哪些传播途径？

艾滋病主要有性行为、体液交流、母婴传播等几种传播方式。体液主要包括精液、血液、阴道分泌物、乳汁、脑脊液等。其他体液如眼泪、唾液和汗液，一般不会导致艾滋病的传播。

（1）性传播

艾滋病病毒最容易通过性交途径传播。生殖器患有性病（如梅毒、淋病、尖锐湿疣等）或溃疡时，更容易增加感染病毒的概率。艾滋

病病毒感染者的精液或阴道分泌物中含有大量的病毒,通过肛门性交、阴道性交,很容易传播病毒。口交传播的概率比较小,但如果口腔内有伤口或破裂的地方,艾滋病病毒就可能通过血液或精液传染。一般来说,接受肛交的人被感染的概率非常大。因为肛门的内部结构比较薄弱,直肠的肠壁较阴道壁更容易破损,精液里面的病毒就会通过这些小伤口,进入未感染者体内繁殖。这就是男同性恋者比女同性恋者更容易感染艾滋病病毒的原因。

(2)血液传播

输血传播:如果输血者的血液里含有艾滋病病毒,输入此血者将会被感染。

血液制品传播:有些病人(如血友病)需要注射由血液中提起的某些成分制成的生物制品。如果该制品含有艾滋病病毒,该病人就可能被感染。在20世纪90年代以前,献血者的血液检验还没有包括对艾滋病的检验,因此有一些病人因为接受输血而感染艾滋病病毒。随着全世界对艾滋病的认识逐渐加深,基本上所有的血液用品都是经过艾滋病病毒检验的,因此在发达国家的血液制品中,传播艾滋病病毒的可能性几乎是零。

(3)共用针具的传播

使用不洁针具可以使艾滋病病毒从一个人身上传到另一个人身上。例如:静脉吸毒者共用针具;医院里重复使用针具、吊针等。另外,使用被血液污染而又未经严格消毒的注射器、针灸针、拔牙工具,都是极其危险的。因此在有些西方国家,政府还有专门给吸毒者发放免费针具的部门,目的就是防止艾滋病的传播。

(4)母婴传播

如果母亲是艾滋病感染者，那么她很可能会在怀孕、分娩过程或是在母乳喂养时使她的孩子受到感染。不过，如果母亲在怀孕期间，服用有关抗艾滋病的药品，婴儿感染艾滋病病毒的概率就会降低很多，甚至完全健康。感染艾滋病病毒的母亲千万要切记：绝对不能用自己母乳喂养孩子。

关于艾滋病的传播有哪些误区？

（1）误区一：所有的体液都会传播艾滋病。

唾液传播艾滋病病毒的概率非常小。所以一般接吻是不会传播艾滋病的。但是如果健康的一方口腔内有伤口或破裂的地方，同时艾滋病病人口腔内也有破裂的地方，这时候如果双方接吻，艾滋病病毒就有可能通过血液而传染。汗液是不会传播艾滋病病毒的。艾滋病病人接触过的物体也不会传播艾滋病病毒。

（2）误区二：与艾滋病人共用生活用品会传播艾滋病。

虽然艾滋病病人接触过的一般物体不会传播艾滋病病毒，但是艾滋病病人用过的剃须刀、牙刷等，可能含有少量艾滋病病人的血液；毛巾上可能有精液。因此如果与艾滋病病人共用个人卫生用品，就有可能被传染。因此，个人卫生用品不应该和别人共用。

（3）误区三：一般生活接触会传播艾滋病。

一般的接触并不会传染艾滋病，因此艾滋病患者在生活当中不应当受到歧视，如共同进餐、握手等都不会传染艾滋病。艾滋病病人吃过的菜，喝过的汤也不会传染艾滋病病毒。艾滋病病毒非常脆弱，一旦脱离人体暴露在空气中，没几分钟就会死亡。艾滋病虽然非常可怕，但艾滋病病毒的传播力并不是很强，它不会通过我们日常的

活动来传播，换句话说，日常生活中的浅吻、握手、拥抱、共餐、共用办公用品、共用厕所、共用游泳池、共用电话、打喷嚏等，都不会成为艾滋病的传播途径，甚至照料艾滋病病毒感染者或艾滋病患者也没有关系。

(4)误区四：蚊虫叮咬会传染艾滋病。

蚊虫的叮咬有可能传播其他疾病，如黄热病、疟疾等，但是不会传播艾滋病病毒。蚊子传播疟疾是因为疟原虫进入蚊子体内并大量繁殖，带有疟原虫的蚊子再叮咬其他人时，就会把疟原虫注入另一个人的身体中，从而使被叮者感染。蚊虫在叮咬人身体的时候，它们不会将自己或者前面那个被吸过血的人血液注入，它们只会将自己的唾液注入，这样可以防止此人的血液发生自然凝固。但是蚊虫的唾液中并不含有艾滋病病毒。蚊虫的喙器上仅仅沾有极少量的血，病毒的含量极少，并不足以令下一个被叮者受到感染，而且艾滋病病毒在昆虫体内只能生存很短的时间，根本不会在昆虫体内不断繁殖，因此昆虫本身也不会得艾滋病。

艾滋病有哪些预防措施？

迄今为止，科学家们还没有成功研制出预防艾滋病的有效疫苗，因此对于艾滋病，最重要的是采取预防措施：

(1)坚持洁身自爱，不卖淫、嫖娼，避免婚前、婚外性行为；

(2)严禁吸毒，不与他人共用注射器；

(3)严禁擅自输血和使用血制品，必须在医生的指导下使用；

(4)严禁借用或共用牙刷、剃须刀、刮脸刀等个人用品；

(5)受艾滋病感染的妇女避免怀孕、哺乳；

（6）使用避孕套是性生活中最有效的预防性病和艾滋病的措施之一，但没有必要同时使用两个避孕套，这样做反而容易造成破裂；

（7）要避免直接与艾滋病患者的血液、精液、乳汁和尿液接触，切断其传播途径。

总之，艾滋病的传播主要是与人类的社会行为有关的，完全可以通过规范人们的社会行为而被阻断，是可预可防的。

什么是癌症？

癌症，医学术语也称为恶性肿瘤，中医学称之为岩，是由于控制细胞生长增殖机制失常而引起的疾病。癌细胞除了生长失控以外，还会局部侵入周遭正常组织，甚至经由体内循环系统或淋巴系统转移到身体其他部分。

癌症医学专家指出癌症的病因是：机体在环境污染、化学污染（化学毒素）、电离辐射、自由基毒素、微生物（细菌、真菌、病毒等）及其代谢毒素、遗传特性、内分泌失衡、免疫功能紊乱等各种致癌物质、致癌因素的作用下导致身体正常细胞发生癌变，经常表现为：局部组织的细胞异常增生而形成局部肿块。癌症是机体正常细胞在多因素、多阶段和多次突变条件下所引起的一大类疾病。

癌细胞的特点主要有：无限制、无止境地增生，使患者体内的营养物质被大量消耗；癌细胞释放出多种毒素，使人体产生一系列病症；癌细胞可以转移到全身各处生长繁殖，导致人体消瘦、无力、贫血、食欲不振、发热以及严重的脏器功能受损等等。

与癌症（恶性肿瘤）相对的是良性肿瘤，良性肿瘤比较容易清除干净，一般不转移、不复发，对器官、组织只有挤压和阻塞作用；但癌

一口气读懂科技常识

症(恶性肿瘤)能够破坏组织、器官的结构和功能,引起坏死出血合并感染,患者最终会因为器官功能衰竭而死亡。

癌症主要分为4种:①癌瘤,影响皮肤、黏膜、腺体和其他器官;②血癌,即血液方面的癌;③肉瘤,影响肌肉、结缔组织和骨头;④淋巴瘤,影响淋巴系统。比较常见的癌症主要有血癌(白血病)、骨癌、淋巴癌(包括淋巴细胞瘤)、肠癌、肝癌、胃癌、盆腔癌(包括子宫癌和宫颈癌)、肺癌(包括纵隔癌)、脑癌、神经癌、乳腺癌、食道癌、肾癌等。

癌症有哪些预防措施?

为了减少癌症的发病率,应该尽可能做到以下这几点:

(1)不要憋尿。研究发现,膀胱癌的发生与一个人的饮水、排尿习惯有很大的关系。据资料表明,每日排尿5次的人比排尿6次以上者更容易患膀胱癌。这主要是因为饮水少、长时间憋尿,容易使尿液浓缩,如果尿在膀胱内滞留的时间过长,尿液中的化学物质就会刺激黏膜上皮细胞,从而导致癌症的发生。多饮水、勤排尿可以起到"冲洗"膀胱、排除有害化学物质的作用。

(2)戒烟。当前,吸烟已经成为一大世界性公害,严重地威胁着人类的健康。美国癌症权威研究机构指出:不良生活习惯占致癌因素的35%,吸烟占30%,二者加起来就占65%。烟对胎儿非常有害,如果孕妇吸烟,那么她的孩子以后罹患癌症的概率将增加50%。因此,为了您和您家人的身体健康,远离烟草是非常必要的。

(3)多喝蔬菜汁和果汁。经常喝甜菜汁、胡萝卜汁(含 β–胡萝卜素)、芦笋汁等蔬菜汁以及葡萄汁、樱桃汁、苹果汁等果汁,不仅可以

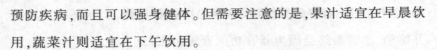

预防疾病,而且可以强身健体。但需要注意的是,果汁适宜在早晨饮用,蔬菜汁则适宜在下午饮用。

(4)多吃洋葱、大蒜等保健食品。洋葱、大蒜、生杏仁、芽苗菜、萝卜苗、豆苗等都是极佳的保健食品。

(5)多吃生萝卜。很多人都知道,目前在医院里经常使用一种叫"干扰素"的药物。它是人体自身白细胞所产生的一种糖蛋白,在体内具有抑制癌细胞快速分裂的作用。但是,人体自身产生的干扰素非常少,因此科学家们研制出"干扰素诱生剂"这类药物,激发和诱导人体自身制造出更多的干扰素。

在日常的饮食中,也有一些可以诱生干扰素的食物,其中效果最好的莫过于白萝卜了。研究证明,从萝卜中可以分离出一种干扰素诱生剂的活性成分——双链核糖核酸,它对食管癌、胃癌、鼻咽癌和宫颈癌的癌细胞,均有明显的抑制作用。需要注意的是,因为这种活性成分不耐热,如果经过烹调加热,这种成分就会被破坏,因此生吃萝卜才对防癌有益。

(6)饮食清淡,限制高脂肪饮食。研究表明,与低脂饮食相比,富含脂肪的饮食会大大增加结肠癌及乳癌的发病概率,因此高脂肪饮食是癌细胞的助长剂。

(7)养成良好的生活作息习惯,注意早睡早起,不要熬夜,可以减少大多数肿瘤的发生。

(8)少吃熏、腌、泡、炸和过烫、过咸、过硬的食物,适量进食蛋白质、脂肪食品,这样可以减少消化道肿瘤的发生。

(9)及时体检和就医,比如出现不明原因的胃痛、反复出现黑便、隐血阳性等症状,应该及时主动就医,警惕胃癌的发生,切忌存

一口气读懂科技常识

在侥幸心理。

（10）妇女每月坚持乳房自查，可以早期发现乳腺癌；乳房自查，每月1次，坚持终身，若发现肿块，应及时就医。

（11）大便习惯改变、变形、有黏液、带血持续2周以上应当主动就诊，警惕肠癌的发生。

（12）不吃发霉的粮食及食品。花生、大豆、米、面粉、植物油等发霉以后，会产生黄曲霉素，这是一种强烈的致癌（尤其是肝癌）物质。

（13）不酗酒，尤其是不饮烈酒。浓度过高的酒精会刺激口腔、食道壁和胃壁的上皮细胞并引发癌变。

（14）不要用洗衣粉擦洗餐具、茶具或清洗食物。

（15）不要使用有毒的塑料制品（聚氯乙烯）包装食物。

（16）不要食用被农药污染的蔬菜、水果等。

（17）饮用新鲜、清洁的水，不要喝过烫的水。

（18）不要过度晒太阳。阳光中的紫外线可以导致皮肤癌，并可能降低人体的免疫力。

（19）吃饭不宜过饱，控制肉类食物的摄入量，控制体重，可以大大减少癌症的发病率。

（20）不要经常吃有可能致癌的药物，如激素类药物、大剂量的维生素E等。

（21）男性如果阴茎包皮过长，应该及时切除，防止阴茎癌。

（22）封闭式环境的空气污染是相当严重的，通风的房子则对身体健康有益，如果您的房子没有装空调设备，最好每天开窗约1~2小时。

（23）装潢中不要使用放射性的岩石和矿沙作为建筑材料，不使用含有苯、四氯化碳、甲醛、二氯甲烷等致癌物质的建筑材料；在空气流通的情况下进行室内装潢。房子装完以后，要经常开窗通风，把室内的油漆味、胶水味、新家具的气味排放出去，大概通风30天以后才能安全住人。

（24）在厂矿、车间等工作的人员下班后，首先应该洗手或洗澡，不要把工作服带回家中。

（25）购买新衣服也应该注意是否有甲醛之类的污染物。购买织物服装后，先用清水洗涤以后再穿最好。

（26）每天坚持运动30分钟左右，这是最经济实惠的防癌方法。运动可以调节血液中的睾固酮与雌激素，保护女性对抗与荷尔蒙相关的癌症，如卵巢癌、子宫内膜癌。运动还可以促进肠胃蠕动，减少粪便驻留在肠子时间，从而降低肠癌的发病率。

（27）多喝绿茶或咖啡。绿茶含有儿茶素及维生素 A、维生素 C 等抗氧化剂，因此具有很好的防癌功效。咖啡也可以降低某些癌症的发生率。美国、加拿大、日本的最新研究表明，咖啡有助于降低肝癌、肾细胞癌、乳癌、大肠癌的发病概率。

预防癌症的食物有哪些？

（1）牛奶和酸奶

牛奶富含钙和维生素 D，在肠道内能与致癌物质相结合，清除其有害作用。酸奶能抑制肿瘤细胞的生长。

（2）蜂蜜和蜂乳

蜂蜜能促进新陈代谢，增强机体免疫力，提高造血功能和组织修复作用。近年来还发现蜂乳含有特殊的蜂乳酸，对防治恶性肿瘤

非常有效。

（3）茶

茶叶富含儿茶素，能清除体内的放射性物质。放疗病人经常饮茶有益康复。

（4）花粉食品

花粉具有提高智力、促进发育、补血、增加耐力、延缓衰老等作用，可以增强机体的抗病能力。

（5）蔬菜

新鲜蔬菜如胡萝卜、萝卜、瓠果、茄子、甘蓝、葱头等，含有干扰素诱导物，可以有效刺激细胞产生干扰素。干扰素可以增强病人对疾病和癌瘤的抵抗力。

（6）海产品

海产品可以用于恶性肿瘤病人的治疗。海藻类食品的有效成分主要是多糖物质和海藻酸钠。海藻酸钠能与放射性锶结合后排出体外。常吃海带、紫菜等食品对身体有益。鲨鱼的软骨能抑制肿瘤生长，鱼翅有抑制肿瘤向周围浸润的能力。鱼类中富含的硒、锌、钙、碘等无机盐类，对抗癌也非常有效。

（7）真菌食品

灵芝中富含多糖物质和干扰素诱导剂，能抑制肿瘤。香菇、金针菇、猴头菇等食品对胃癌、食道癌、肺癌、宫颈癌都有一定的疗效。银耳对癌瘤也有抑制作用。

（8）果品

杏仁可以提高机体的免疫功能，有效抑制细胞癌变，但是对口腔有炎症、溃疡以及鼻出血的病人不宜食用。另外，乌梅、大枣、无花

果、木瓜、苹果等水果都具有很好的抗癌作用。

(9)其他

山芋、玉米粉、薏苡仁等食品也具有增强机体免疫功能及抑制肿瘤细胞的作用。

什么是人造器官？

人造器官在生物材料医学上是指能植入人体或能与生物组织或生物流体相接触的材料；或者说是具有天然器官组织的功能或天然器官部件功能的材料。

人造器官主要分为3种：机械性人造器官、半机械性半生物性人造器官、生物性人造器官。

机械性人造器官是完全用没有生物活性的高分子材料仿造一个器官，并借助电池作为器官的动力。目前，日本科学家已经利用纳米技术成功研制出人造皮肤和血管。

半机械性半生物性人造器官是将电子技术与生物技术结合起来。在德国，已经有8位肝功能衰竭的患者接受了人造肝脏的移植，这种人造肝脏将人体活组织、人造组织、芯片与微型马达奇妙地组合在一起。

生物性人造器官则是利用动物身上的细胞或组织，"制造"出一些具有生物活性的器官或组织。生物性人造器官又分为异体人造器官和自体人造器官，比如，在猪、老鼠、狗等身上培育人体器官的试验已经取得成功；而自体人造器官则是利用患者自身的细胞或组织来培育人体器官。

前两种人造器官和异体人造器官，移植后会让患者产生排斥反

应，因此科学家最理想的目标是让患者都能用上自体人造器官。诺贝尔奖获得者吉尔伯特认为："用不了 50 年，人类将能用生物工程的方法培育出人体的所有器官。"

科学家们乐观地预测：在不久的将来，医生只要根据患者自己的需要，从患者身上取下细胞，植入预先有电脑设计而成的结构支架上，随着细胞的分裂和生长，长成的器官或组织就能够成功地植入患者的体内。

什么是仿生学？

仿生学是指模仿生物的特殊本领，利用生物的结构和功能原理来研制机械或各种新技术的科学。它是在 20 世纪中期才出现的一门新的边缘科学。仿生学主要研究生物体的结构、功能及其工作原理，并将这些原理移植于工程技术之中，发明性能优越的仪器、装置或机器，创造新技术。仿生学的问世开辟了一条独特的科技发展道路，即向生物界索取蓝图的道路，它大大开阔了人们的眼界，显示了极强的生命力。

生物具有的功能迄今为止比任何人工制造的机械都优越得多，仿生学就是要在工程上实现并有效地应用生物功能的一门学科。现实生活中可以举出很多仿生学例子，比如将海豚的体形或皮肤结构（游泳时能使身体表面不产生紊流）应用到潜艇设计原理上；模仿蝙蝠用超声波定位测距的功能设计制作出了雷达设备等。

从古至今，自然界一直都是人类各种技术思想、工程原理及重大发明的源泉。种类繁多的生物界经过长期的进化过程，使它们能够适应环境的变化，从而得到生存和发展。劳动创造了人类。人类具有直立的身躯、能劳动的双手、能交流情感与思想的语言,在长期的生产实践中,促进了神经系统尤其是大脑的高度发展。因此,人类具有超过所有生物种群的能力和智慧。人类自从运用智慧和巧手制造出劳动工具之后,就在自然界里获得了更大的自由。人类的智慧不只是停留在观察和认识生物界上,而且还运用人类特有的思维和设计能力模仿生物,通过创造性的劳动增加自己的本领。鱼儿在水里有自由来去的本领,人们就模仿鱼类的形体制造出船,并以木桨仿鳍。相传早在大禹时期,我国劳动人民看到鱼利用尾巴的摇摆在水中游动、转弯,于是他们就在船尾上架置木桨。通过反复的观察、模仿和实践,人类造出的船越来越航行自如了。

鸟儿挥动翅膀就可以在空中自由飞翔。人们也希望自己能像鸟儿一样展翅翱翔。早在 400 多年前,意大利人利奥那多·达·芬奇和他的助手就对鸟类进行了仔细的解剖和研究,并且认真观察鸟类的飞行。最后终于设计和制造出了一架扑翼机,这是世界上第一架人造飞行器。

上述这些模仿生物构造和功能的发明和尝试,可以看做是人类仿生学的先驱,也是仿生学的萌芽。

航空航天科技篇

什么是航天器?

航天器,又叫做空间飞行器、太空飞行器等,是按照天体力学的规律在太空运行,执行探索、开发、利用太空和天体等特定任务的各类飞行器的统称。世界上第一个航天器是苏联1957年10月4日发射的"人造地球卫星1号",第一个载人航天器是苏联航天员尤里·加加林乘坐的"东方号"飞船,第一个把人送到月球上的航天器是美国的"阿波罗11号"飞船,第一个兼有运载火箭、航天器和飞机特征的飞行器是美国的"哥伦比亚号"航天飞机。

航天器为了完成航天任务,必须与航天运载器、航天器发射场及回收设施、航天测控及数据采集网等互相配合,协调工作,共同组成航天系统。航天器是执行航天任务的主体。

航天器可以有多种分类方法,可以按照其轨道性质、科技特点、质量大小、应用领域等进行分类。其中按照应用领域进行分类是使用最广泛的分类方法。

按照应用领域的分类标准,航天器可以分为军用航天器、民用航天器和军民两用航天器3种,这三种航天器又都可以分为无人航天器和载人航天器。无人航天器又可以分为人造地球卫星、空间探测器和货运飞船。载人航天器又可以分为载人飞船、空间站和航天飞机、空天飞机。

什么是载人航天器?

载人航天器即能够满足人在其内生活和工作的航天器。载人

航天器与人造卫星等不载人航天器的主要区别在于：载人航天器具有保障人生存的生命保障功能，舱内具备适合人生存的大气压和大气成分，具备适合的温度和湿度，并能够提供饮水、食物以及生活设施；具备人工作所需要的操作和实验设备，显示系统及时显示航天器工作状态和实验数据；具备天地通信功能，使航天器中的人能够与地面控制中心进行语音通信；具有一定的活动空间，使人在其内工作和生活具有一定的舒适性。

根据飞行和工作方式的不同，载人航天器可以分为载人飞船、载人空间站和航天飞机 3 种类型：

（1）载人飞船即宇宙飞船，是载人航天器中最小的一种。载人飞船必须用火箭发射，在轨道运行完成任务之后，经过制动，沿弹道轨迹穿过大气层，用降落伞和着陆缓冲系统实现软着陆。载人飞船按照乘坐人数分为单人式飞船和多人式飞船；按运行范围又分为卫星式载人飞船和登月载人飞船。

（2）载人空间站又称为轨道站或航天站，可以供多名航天员居住和工作。

（3）航天飞机既可以作为载人飞船和空间站进行载人航天活动，又是一种可以重复使用的运载器。航天飞机以火箭发动机为动力，它具有飞机的外形，可以往返于地球表面和近地轨道之间，可以用来载人，也可以用来载货。它是集火箭、航天器和航空器技术于一体的综合产物。目前，航天飞机的主要任务是承担建造"国际空间站"的运输任务。

什么是人造卫星？

卫星，是指在宇宙中所有围绕行星轨道运行的天体。围绕哪一颗行星运转，就将它叫做哪一颗行星的卫星。比如月球环绕着地球旋转，月球就叫做地球的卫星。

顾名思义，"人造卫星"就是我们人类"人工制造的卫星"，是指环绕地球在空间轨道上运行（至少1圈）的无人航天器。科学家用火箭将人造卫星发射到预定的轨道，使它环绕着地球或其他行星运转，以便进行探测或科学研究。人造卫星围绕哪一颗行星运转，我们就把它叫做哪一颗行星的人造卫星。人造卫星基本按照天体力学规律围绕地球运动，但由于在不同的轨道上受非球形地球引力场、大气阻力、太阳引力、月球引力和光压的影响，其实际运动情况非常复杂。人造卫星是发射数量最多、用途最广、发展最快的一种航天器。人造卫星的发射数量约占航天器发射总量的90%以上。

人造卫星按照运行轨道主要分为低轨道卫星、中轨道卫星、高轨道卫星、地球同步轨道卫星、地球静止轨道卫星、太阳同步轨道卫星、大椭圆轨道卫星和极轨道卫星；按照用途主要分为科学卫星、应用卫星和技术试验卫星。

人造卫星可以用于天文观测、空间物理探测、全球通信、电视广播、军事侦察、气象观测、资源普查、环境监测、大地测量、搜索营救等方面。

1957年10月4号，苏联发射了世界上第一颗人造地球卫星

Sputnik—1，揭开了人类向太空进军的序幕，大大激发了世界各国研制和发射卫星的热情。之后，美国、法国、日本也相继发射了人造卫星。我国于1970年4月24日发射了"东方红1号"人造卫星，这是我国成功发射的第一颗人造卫星。截止到1992年底，我国共计成功发射了33颗不同类型的人造卫星。

什么是宇宙飞船？

宇宙飞船，又称为载人飞船，属于载人航天器的一种，宇航员可以乘坐宇宙飞船离开地面进入宇宙空间执行航天任务，并能在它上面工作、生活并安全返回地面。宇宙飞船是载人航天器中最小的一种，在运行轨道上只能飞行几天到十几天，一般乘2到3名航天员。

宇宙飞船可以独立进行航天活动，也可以作为天地返往和航天站之间的"渡船"，与航天站或其他航天器对接后进行联合飞行。宇宙飞船通常可以分为卫星式载人飞船、登月载人飞船和星际载人飞船3种。目前，星际载人飞船尚处于探索之中。

宇宙飞船一般由宇航员座舱、轨道舱、服务舱、气闸舱和对接机构等部分组成。登月或其他星球还必须具备特殊功能的舱。每个舱均承担不同的航天任务。其中，座舱是飞船发射和返回过程中宇航员的乘坐舱，也是飞船的控制中心；对接机构是用于与空间站等其他的航天器实现空中对接和锁紧的装置。

宇宙飞船的主要用途有：试验各种载人航天技术，开展航天医学、生理学、生物学等方面研究和天文观测；用于接送宇航员和

运送物资；可以实施变轨，降低高度进行军事侦察和地球资源勘测；用于载人绕地球、月球和登月飞行；载人进行星际飞行，遨游太空。

世界上第一艘载人飞船是哪一艘？

1961年4月12日，苏联成功发射了世界上第一艘载人宇宙飞船"东方1号"，尤里·加加林成功地完成了划时代的宇宙飞行任务，从而实现了人类遨游太空的梦想，开创了世界载人航天的新纪元。

"东方1号"宇宙飞船由2个舱组成：①上面的是密封载人舱，又称为航天员座舱。这是一个直径为2.3米的球体。舱内设有保障航天员生活的供水、供气的生命保障系统，控制飞船姿态的姿态控制系统，测量飞船飞行轨道的信标系统，着陆用的降落伞回收系统和应急救生用的弹射座椅系统。②另一个舱是设备舱，它长为3.1米，直径为2.58米。设备舱内有使载人舱脱离飞行轨道而返回地面的制动火箭系统，供应电能的电池、储气的气瓶、喷嘴等系统。"东方1号"宇宙飞船的总质量约为4.7吨。它和运载火箭都是一次性的，只能执行一次任务。

我国的载人航天工程经历了一个怎样的历程？

我国进行载人航天研究的历史可以追溯到20世纪70年代初期。在我国第一颗人造地球卫星"东方红1号"上天以后，当时的国防部五院院长钱学森就提出，我国要进一步搞载人航天工程。

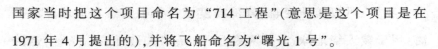

国家当时把这个项目命名为"714工程"(意思是这个项目是在1971年4月提出的),并将飞船命名为"曙光1号"。

20世纪70年代初,继第一颗人造地球卫星"东方红1号"上天以后,我国开始了"东方红1号"、"东方红2号甲"、"东方红3号"等多颗通信卫星的研制工作。

进入80年代以后,我国的空间技术获得了长足的发展,具备了返回式卫星、气象卫星、资源卫星、通信卫星等各种应用卫星的研制和发射能力。特别是在1975年,我国成功地发射并回收了第一颗返回式卫星,从而使我国成为了世界上继美国和苏联之后第三个掌握了卫星回收技术的国家,这就为我国开展载人航天技术的研究打下了坚实的基础。

1992年1月,我国政府批准载人航天工程正式上马,并命名为"921工程"。在"921工程"的七大系统中,载人飞船是核心。载人飞船是由中国空间技术研究院为主来进行研制的。"921工程"正式上马时,党中央就提出了"争8保9"的奋斗目标,即1998年要在技术上有一个重大突破,1999年要争取飞船上天。

1999年11月20日,我国第一艘无人试验飞船"神舟1号"飞船在酒泉起飞。21小时后,"神舟1号"在内蒙古中部回收场成功着陆,圆满完成了"处女之行"。这次成功飞行为我国载人飞船上天打下非常坚实的基础。

2001年1月10日,我国在酒泉卫星发射中心成功发射了"神舟2号"飞船。2002年3月25日,我国在酒泉卫星发射中心成功发射了"神舟3号"飞船。2002年12月30日,我国在酒泉卫星发

射中心成功发射了"神舟4号"无人飞船。

2003年10月15日9时,我国自行研制的"神舟5号"载人飞船在中国酒泉卫星发射中心发射升空。9时9分50秒,"神舟5号"准确进入预定轨道。这是我国首次进行载人航天飞行。乘坐"神舟5号"载人飞船执行任务的航天员是时年38岁的杨利伟。他是我国自己培养的第一代航天员。在太空中围绕地球飞行14圈,经过21小时23分、60万千米的安全飞行后,杨利伟于10月16日6时23分在内蒙古主着陆场成功着陆返回。

2005年10月12至17日,我国发射了"神舟6号"载人飞船,第一次将我国2名航天员——费俊龙、聂海胜同时送上太空。这是我国成功进行的第二次载人航天飞行。

2008年9月25日,我国第三艘载人飞船"神舟7号"成功发射,3名航天员翟志刚、刘伯明、景海鹏同时顺利升空。9月27日,翟志刚身着我国研制的"飞天"舱外航天服,在身着俄罗斯"海鹰"舱外航天服的刘伯明的辅助下,进行了19分35秒的出舱活动。我国随之成为世界上第三个掌握空间出舱活动技术的国家。2008年9月28日傍晚,"神舟7号"在顺利完成空间出舱活动以及一系列空间科学试验任务后,成功降落在内蒙古中部的阿木古朗草原上。

飞机是一种怎样的飞行器?

飞机,专业术语为固定翼机,是比空气重,有动力装置驱动,机翼固定于机身且不会相对机身运动,靠空气对机翼的作用力而

产生升力的航空器。

飞机具有2个最基本的特征：①飞机自身的密度比空气大，而且它是由动力驱动前进的；②飞机有固定的机翼，机翼提供升力使飞机在天空飞翔。这两个基本特征对飞机来说缺一不可，不具备其中之一便不能称之为飞机。比如，一个飞行器的密度小于空气，那它就是气球或飞艇，而不是飞机；如果飞行器没有动力装置、只能在空中滑翔，那它就是滑翔机；飞行器的机翼如果不固定，靠机翼旋转产生升力，那它就是直升机或旋翼机。

飞机之所以能够飞翔，其原理是这样的：飞机机翼上下两侧的形状是不一样的，上侧要凸些，而下侧则要平些。当飞机滑行时，机翼在空气中移动，从相对运动来看，等于是空气沿机翼流动。由于机翼上下两侧的形状不一样，在同样的时间内，机翼上侧的空气要比下侧的空气流过了较多的路程（曲线长于直线），也就是说机翼上侧的空气流动得要比下侧的空气快。根据流动力学原理，当飞机滑动时，机翼上侧的空气压力要小于下侧，这就使飞机产生了一个向上的浮力。当飞机滑行到一定速度时，这个浮力就能达到足以使飞机飞起来的力量。因此，飞机就飞上了天。

飞机不但广泛应用于民用运输和科学研究，还是现代军事里的重要武器，因此飞机又分为民用飞机和军用飞机两种类型。其中民用飞机又可以分为客机、运输机、农业机、森林防护机、航测机、医疗救护机、游览机、公务机、体育机、试验研究机、气象机、特技表演机、执法机等。

飞机还可以按组成部件的外形、数目和相对位置进行分类。

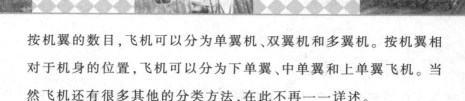

按机翼的数目,飞机可以分为单翼机、双翼机和多翼机。按机翼相对于机身的位置,飞机可以分为下单翼、中单翼和上单翼飞机。当然飞机还有很多其他的分类方法,在此不再一一详述。

世界上第一架飞机是谁制造的?

20世纪初,1903年,美国的莱特兄弟(哥哥:维尔伯·莱特,弟弟:奥维尔·莱特)制造出了第一架依靠自身动力进行载人飞行的飞机"飞行者1号",并且获得试飞成功,从而在世界的飞机发展史上做出了重大的贡献。莱特兄弟因此在1909年获得了美国国会荣誉奖。同年,他们创办了"莱特飞机公司"。自从莱特兄弟发明第一架飞机以后,飞机就日益成为了现代文明必不可少的运载工具。

其实在莱特兄弟之前,已经有很多人进行过飞机的研究和制造。1882年,俄国的莫查伊斯基制造过一架机翼像平板似的蒸汽飞机。1886~1890年,法国的阿代尔先后制造过4架蒸汽飞机。1893年,英国的马克西姆也制造过一架大型蒸汽飞机。1896年,美国的兰利则制造过蒸汽飞机模型。但是,上述这些飞机都因为动力不佳或其他原因而未能飞行成功。

世界公认的真正的飞机发明者是美国的莱特兄弟。莱特兄弟从小就对飞行非常感兴趣,他们研究过鸟的飞行,曾经用绳子拉着滑翔机,像放风筝那样试飞过。他们自己造出了内燃发动机和螺旋桨,而且将自己制造的带螺旋桨和发动机的飞机模型放到自制的"风洞"中去模拟飞行。为了试飞飞机,他们还亲自写信给气

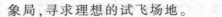

象局,寻求理想的试飞场地。

　　1903年9月,莱特兄弟将自己制造的"飞行者1号"飞机拉到东海岸的基蒂·霍克海滩,并且做了充分的试飞准备。12月17日,弟弟奥维尔·莱特和哥哥威尔伯·莱特分别驾驶着"飞行者1号"飞机,成功地飞行了4次,共计飞行了97秒钟,航程为441米。尽管只有很短时间和距离,但这却是人类历史上第一次真正地依靠飞机自身动力进行的载人飞行。当最后一次飞行结束时,威尔伯·莱特曾非常激动地说:"飞行时代终于来临了!"是的,这的确是一次划时代的飞行。

　　值得一提的是,关于飞机的发明权,还有过一段小插曲。1901年,美国政府曾经出资5万美元,让兰利研制飞机。1903年,就在莱特兄弟成功飞行的前70天,兰利研制的"航空站号"飞机也试飞过,但是失败了。莱特兄弟成功以后,美国另一位飞行家寇蒂斯曾对"航空站号"进行了改装,并且重新试飞成功。因此寇蒂斯曾宣称,第一架飞机的发明者不应该是莱特,而是兰利。由于兰利当时是美国地位显赫的斯密逊研究院院长,所以当时的斯密逊研究院竟滥用职权,宣布"航空站号"是世界上最早成功的飞机。直到1942年,新任斯密逊研究院院长才纠正了这一错误声明,为莱特兄弟平了反。同时决定,将莱特兄弟的"飞行者1号"陈列在美国博物馆的最佳位置。

　　然而,任何一项发明都不是一个人努力的结果,飞机的发明也不是凭空出现的。莱特兄弟之所以能成功,也是在于他们总结了飞行前辈的经验。

超音速飞机是如何产生强大推力的？

音速，即声音的速度，约为 340 米/秒。提到超音速，不能不提到"马赫"，它是一个超高速单位，物体运动的速度与音速的比值为马赫或马赫数。速度小于 1 马赫即为亚音速；速度在 1~5 马赫间即为超音速；速度在 5 马赫以上即为高超音速。

高超音速飞机采用的是超音速燃烧冲压发动机，它类属于冲压发动机。冲压发动机的原理是法国人雷恩·洛兰在 1913 年提出的。1939 年，这个原理第一次被德国用于 V—1 飞弹上。冲压发动机由进气道、燃烧室、推进喷管三部分组成，它比涡轮喷气发动机简单得多。冲压是指利用迎面气流进入发动机后减速、提高静压的过程。这一过程不需要高速旋转的、复杂的压气机。高速气流经过扩张减速，待气压和温度升高以后，气流便进入燃烧室与燃油混合燃烧，温度可达到 2000~2200℃，甚至更高，气流经过膨胀加速，由喷口高速排出，从而可以产生巨大的推力。

冲压喷气发动机目前可以分为亚音速、超音速、超音速燃烧（或高超音速）3 大类。

什么是太阳能飞机？

所谓太阳能飞机，就是以太阳辐射作为推进能源的飞机。太阳能飞机的动力装置由太阳能电池组、直流电动机、减速器、螺旋桨和控制装置组成。为了获得足够的太阳能，飞机上必须有足够大的铺设太阳电池的上部表面积，因此太阳能飞机的机翼面积比较大。

　　20世纪70年代末，人力飞机的成功研制积累了制造低速、轻型飞机的经验。在此基础上，美国在80年代初研制出"太阳挑战者"号单座太阳能飞机，该机机翼和水平尾翼的表面上共贴有16128片硅太阳电池，在理想阳光照射下可以输出3000瓦以上的功率。这架飞机在1981年7月成功地由巴黎飞到英国，平均时速为54千米，航程大约290千米。

　　2007年11月5日，在瑞士杜本多夫举行的新闻发布会上，展出了"阳光脉动"太阳能飞机样机。瑞士探险家贝特朗·皮卡尔在2003年提出了太阳能飞机环球飞行的构想，他计划驾驶太阳能飞机，经过5次起降实现环球昼夜飞行，此计划被命名为"太阳脉动"。环球飞行预计在2011年正式开始，这将是太阳能飞机在人类历史上首次载人作昼夜、长距离飞行。

　　2009年6月26日，世界上首架太阳能飞机"阳光脉动"号在瑞士苏黎世飞机场亮相。它利用机翼上的光电池，直接将太阳能转化为电能，从而为飞机昼夜飞行提供动力。即使在远途飞行过程中，太阳能飞机也不会产生任何二氧化碳。这是世界上第一架设计为可昼夜飞行的太阳能环保飞机。

中国第一架太阳能飞机是什么时候研制成功的？

　　太阳能飞机是飞行器的一种，是指以阳光、太阳能以及太阳可能存在的其他能量来作为动力和任务设备能源的飞行器。

　　中国第一架太阳能飞机是"翱翔者"号，它是北京航空航天大

学飞机设计与应用力学系（现改为航空科学与工程学院）的李晓阳博士和赵庸教授在1992年设计制造的，该机是中国历史上有记载的首架具有原创自主知识产权的太阳能飞行器。

"翱翔者"号采用一组特制的镍氢电池组储存太阳能电池获得的电能，并作为中间交换器来为配有减速装置的低速螺旋桨推进器提供电力。该机主要用望远镜配合人工目视操作来进行飞行控制操作。为了减轻重量，该机用人手投掷起飞，回收用滑橇式降落架。受当时的条件限制，"翱翔者"号只具备极小的任务载荷能力。

1994年8月，"翱翔者"号在华北地区开展相关的科学实验工作，主要是验证不同光照、不同海拔高度条件下"翱翔者"号的结构强度、气动特性、操纵性、光电转换效率和辅助储能装置性能、续航力、太阳能电池布阵效益，以及复杂气象条件下的各项性能指标变化规律等。实验最后获得成功并达到了预期的目标。

宇宙飞船与航天飞机有什么区别？

航天飞机是美国研制的可重复使用的、往返于太空和地面之间的航天器。航天飞机既能代表运载火箭把人造卫星等航天器送上太空，也能像载人飞船那样在轨道上运行，还能像飞机那样在大气层中滑翔着陆。航天飞机为人类自由出入太空提供了很好的工具，大大降低航天活动的费用，是航天史上一个重要的里程碑。

宇宙飞船是能保障太空人能在外太空执行航太任务并返回地面的航天飞行器，属于一次性使用的返回型载人航天器。宇宙飞

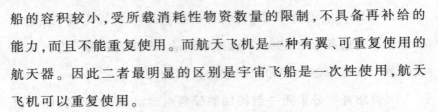

船的容积较小，受所载消耗性物资数量的限制，不具备再补给的能力，而且不能重复使用。而航天飞机是一种有翼、可重复使用的航天器。因此二者最明显的区别是宇宙飞船是一次性使用，航天飞机可以重复使用。

　　航天飞机和宇宙飞船的主要区别体现在用途上：航天飞机是运载火箭的升级产品，用途是将地面物体送到地球轨道上，也就是说，航天飞机往返于地面与地球轨道之间；而宇宙飞船则是在外太空之间飞行使用的，比如从地球飞往比邻星（离太阳最近的一颗恒星）等等。由于用途不同，二者在结构、工作方式、外形等方面也存在很大的不同。航天飞机最需要的是脱离地球引力，因此它有自己的动力系统和巨大的外挂燃料箱，为了减少空气阻力并在降落时充分利用空气动力，航天飞机具备非常漂亮的气动外形。宇宙飞船虽然也有动力系统，但现阶段的动力源主要是太阳能电池，因此它不需要外接动力源。由于宇宙飞船是在外太空飞行，在外形上没什么特殊要求，因此看起来比较丑。另外，航天飞机最初是美国军方提出的运载火箭的替代产品，在设计要求方面除了载人、运送卫星外，能往返、可重复使用也是其最重要的性能指标。而宇宙飞船通常是为了特定目的而进行特定设计的，比如神舟5号、神舟6号除了内部结构外，外形在很大程度上是为了航天员的安全返回而设计的。

　　虽然世界上有很多国家都陆续进行过航天飞机的开发，但只有美国和苏联实际成功发射并回收过这种交通工具。不过由于苏联的瓦解，相关的设备由哈萨克斯坦接收以后，由于没有足够的

经费维持运作，从而使得整个太空计划暂时搁置，因此目前全世界只有美国的航天飞机机队可以实际使用并执行任务。

什么是运载火箭？

运载火箭是由多级火箭组成的航天运输工具。运载火箭的用途是将人造地球卫星、载人飞船、空间站、空间探测器等有效载荷送入预定轨道。运载火箭是在导弹的基础上发展而来的，一般由2~4级组成。运载火箭的每一级都包括箭体结构、推进系统和飞行控制系统。末级有仪器舱，内部装有制导与控制系统、遥测系统和发射场安全系统。级与级之间靠级间段连接。有效载荷装在仪器舱的上面，外面套有整流罩。

很多运载火箭的第一级外围捆绑有助推火箭，也叫零级火箭。助推火箭可以是固体或液体火箭，其数量主要依据运载能力的需要来选择。推进剂一般采用液体双组元推进剂。第一、二级多用液氧和煤油或四氧化二氮和混肼为推进剂，末级火箭采用高能的液氧和液氢推进剂。制导系统大都用自主式全惯性制导系统。运载火箭必须在专门的发射中心发射。运载火箭的技术指标主要包括运载能力、入轨精度、火箭对不同重量的有效载荷的适应能力和可靠性。

运载火箭是第二次世界大战后在导弹的基础上发展起来的。第一枚成功发射卫星的运载火箭是苏联用洲际导弹改装的"卫星号"运载火箭。到 20 世纪 80 年代，苏联、美国、法国、日本、中国、英国、印度以及欧洲空间局已经成功研制出 20 多种大、中、小运

载能力的火箭。其中最小的仅重 10.2 吨，推力为 125 千牛（约合 12.7 吨力），只能将 1.48 千克重的人造卫星送入近地轨道；最大的重 2900 多吨，推力为 33350 千牛（约合 3400 吨力），能将 120 多吨重的载荷送入近地轨道。目前比较主要的运载火箭有"大力神"号运载火箭、"德尔塔"号运载火箭、"土星"号运载火箭、"东方"号运载火箭、"宇宙"号运载火箭、"阿里安"号运载火箭、N 号运载火箭、"长征"号运载火箭等。

　　如果按火箭所用的推进剂来分，运载火箭可以分为固体火箭、液体火箭和固液混合型火箭 3 种类型，如我国的"长征 3 号"运载火箭是一种三级液体火箭；"长征 1 号"运载火箭则是一种固液混合型的三级火箭，它的第一级、第二级是液体火箭，第三级是固体火箭；美国的"飞马座"运载火箭则属于一种三级固体火箭。

　　如果按级数来分，运载火箭又可以分为单级火箭、多级火箭。其中多级火箭按级与级之间的连接型式来分，又可以分为串联型、并联型（俗称捆绑式）、串并联混合型 3 种类型。

什么是空间站？

　　空间站，又叫航天站、太空站、轨道站，是一种在近地轨道长时间运行，可以供多名航天员巡访、长期工作和生活的载人航天器。空间站分为单一式和组合式两种。单一式空间站可由航天运载器一次性发射入轨，组合式空间站则需要由航天运载器分批将组件送入轨道，然后在太空组装而成。

　　人类在科学道路上是永不知足的，人类并不满足于在太空作

短暂的旅行,为了更深更广地了解太空的奥秘,人类需要在太空中建立长期生活和工作的基地。于是,随着航天技术的进一步发展,在太空建立新居所的条件日益成熟了。

空间站的基本组成是以一个载人生活舱为主体,再加上其他不同用途的舱段,如工作实验舱、科学仪器舱等。空间站外部必须装有太阳能电池板和对接舱口,以保障站内电能供应和实现与其他航天器的对接。

与其他载人航天器相比,空间站的主要特点是经济性。例如,空间站在太空接纳航天员进行实验,可以使载人飞船成为只运送航天员的工具,从而简化了载人飞船的内部结构,减少了它在太空飞行时所需要的物质。这样既可以降低载人飞船的工程设计难度,又可以减少航天费用。此外,空间站在运行时既可以载人,也可以不载人,只要航天员将它启动并调试好,它就可以照常进行工作,然后经过定时检查,到了预定时间就可以取得工作成果。这样就大大缩短了航天员在太空中停留的时间,从而减少了很多消费。当空间站发生故障时,还可以在太空中维修、换件,以延长航天器的寿命。增加空间站的使用期是可以减少航天费用的,因为空间站能长期(数个月或数年)地飞行,因此保证了太空科研工作的连续性和深入性,这对研究的逐步深化和提高科研质量都具有非常重要的作用。

什么是国际空间站?

国际空间站是指一项由 6 个太空机构联合推进的国际合作计

划，另外也可以指运行于距离地面360千米的地球轨道上的该计划发射的航空器。国际空间站的构想是美国总统里根在1983年率先提出的，经过10余年的探索和多次重新设计，一直到苏联解体、俄罗斯加盟，国际空间站才最终于1993年完成设计，付诸实施。

该空间站以美国、俄罗斯为首，包括加拿大、日本、巴西和欧空局（即欧洲太空局，是欧洲国家组织和协调空间科学技术活动的机构，其正式成员国有比利时、丹麦、法国、德国、英国、意大利、荷兰、西班牙、瑞典、瑞士和爱尔兰，非正式成员国有奥地利和挪威）共16个国家参与研制。国际空间站的设计寿命为10~15年，总质量约为423吨、长108米、宽（含翼展）88米，运行轨道高度为397千米，载人舱内的大气压与地球表面相同，可容载6人。国际空间站结构复杂，规模庞大，由航天员居住舱、实验舱、服务舱、对接过渡舱、桁架、太阳能电池等部分组成。

国际空间站计划分为3个阶段进行：

1994~1998年为第一阶段，是准备阶段。目前已经顺利完成第一阶段的任务，主要进行了9次美国航天飞机与俄罗斯"和平号"空间站的交会对接，从而取得了宝贵的经验。

1998年11月20日，国际空间站的第一个组件"曙光号"功能货舱（美国出资，俄罗斯制造）发射成功，标志着国际空间站正式步入第二阶段，即初期装配阶段。随后，国际空间站的第二个组件美国"团结号"节点舱于1998年12月4日由"奋进号"航天飞机送入轨道，并于12月7日与"曙光号"成功对接。第二阶段的主要

目标是建成一个具有载 3 人能力的初期空间站。

2000~2005 年为第三阶段，是最终装配和应用阶段。国际空间站建成以后，可载 6 人，工作寿命为 15~20 年。

世界上第一座空间站是哪个国家发射的？

1971 年 4 月 19 日，苏联发射了世界上第一座空间站"礼炮 1 号"，从此载人太空飞行进入了一个新的阶段。"礼炮 1 号"空间站由轨道舱、服务舱和对接舱组成，呈不规则的圆柱形，总长度约为 12.5 米，最大直径为 4 米，总重量约为 18.5 吨。"礼炮 1 号"在约 200 多千米高的轨道上运行，站上装有各种试验设备、照相摄影设备和科学实验设备。它与"联盟号"载人飞般对接组成居住舱，容积达 100 立方米，可容纳 6 名宇航员居住。"礼炮 1 号"空间站在太空中连续运行了 6 个月，相继与"联盟 10 号"、"联盟 11 号"两艘飞船对接组成轨道联合体，每艘飞船各载 3 名宇航员，总共在空间站上停留了 26 天。"礼炮 1 号"完成使命后，于同年 10 月 11 日在太平洋上空坠毁。

我国在空间站发射方面具有怎样的前景？

我国将于 2010 年~2011 年底发射"天宫 1 号"目标飞行器，"天宫 1 号"的重量约为 8 吨，类似于一个小型空间实验站，在发射"天宫 1 号"之后的 2 年内，我国将陆续发射"神舟"8、9、10 号飞船，让它们分别与"天宫 1 号"实现对接。

我国有望在 2014 年用"长征 5 号"将中国空间站送入太空，我

国最终将建设一个基本型空间站。

我国的第一个空间站大致包括 1 个核心舱、1 架货运飞船、1 架载人飞船和 2 个用于实验等功能的其他舱，总重量大约在 100 吨以下。其中核心舱需要长期有人驻守，它能与各种实验舱、载人飞船和货运飞船对接。只有具备 20 吨以上运载能力的火箭才有资格发射核心舱。为此，我国将在海南文昌建设第四个航天发射场，用于发射大吨位的空间站。

据有关部门透露，我国首个空间站建成以后，它的核心舱可以不断加舱。到那时，我国每年将往空间站发射若干个航天器。

我国在 2008 年 9 月 25 日发射的"神舟 7 号"飞船，成功实现了航天员的出舱行走。随后的"神 8"、"神 9"飞船将不再载人，其目标只是发射目标飞行器，实现无人对接。而之后的"神 10"将再次载人上天并实现有人对接。这些飞船都是为了在太空中建设短期有人照料的空间站而服务的。

"阿波罗"登月计划是怎么来的？

阿波罗计划，又称作阿波罗工程，是美国 1961~1972 年从事的一系列载人登月飞行的任务。

"阿波罗"计划是世界航天史上具有划时代意义的一项成就。这项工程开始于 1961 年 5 月，结束于 1972 年 12 月美国第 6 次登月成功，历时总共 11 年左右，耗资 255 亿美元。在工程的高峰时期，参与工程的有 2 万家企业、200 多所大学和 80 多个科研机构，总人数达到 30 万余人。

　　1961 年 4 月 12 日，发生了一件让美国人吃惊的事：苏联宇航员加加林首次进入太空。当时的美国总统约翰·肯尼迪得知消息后非常震惊，因为这表明苏联在航天技术上已领先于美国一步。"这是继苏联第一颗人造地球卫星上天之后，对美国民族的又一次奇耻大辱！"肯尼迪非常气愤地说道。为了洗刷这个"奇耻大辱"，美国人决心不惜一切代价，重振昔日科技与军事领先的雄风。

　　肯尼迪立即召集美国各有关部门头脑商量对策，并宣布："美国最终将第一个登上月球。"1961 年 5 月 25 日，肯尼迪在题目为"国家紧急需要"的特别咨文中，提出在 10 年以内将美国人送上月球的设想。他说："我相信国会会同意，必须在未来 10 年内，将美国人送上月球，并保证其安全返回，整个国家的威望就在此一举。"就这样，美国航宇局制订了著名的"阿波罗"登月计划。

　　那么，为什么称此计划为"阿波罗"计划呢？阿波罗是古希腊神话传说中的一个掌管诗歌和音乐的太阳神，传说他是月神的同胞姐弟，曾用金箭射杀巨蟒，替母亲报仇雪恨。美国政府选择这位能报仇雪恨的太阳神来命名这个登月计划，其心情和用意可想而知。

第一个登上月球的人是谁？

　　人类历史上第一个登上月球的宇航员是阿姆斯特朗。

　　尼尔·奥尔登·阿姆斯特朗，1930 年 8 月 5 日出生于俄亥俄州瓦帕科内塔；1955 年获珀杜大学航空工程专业理学硕士学位；1949～1952 年在美国海军服役（飞行驾驶员）；1955 年进入国家航空技术顾问委员会（即后来的国家航空和航天局）刘易斯飞行推进

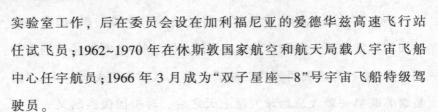

实验室工作，后在委员会设在加利福尼亚的爱德华兹高速飞行站任试飞员；1962～1970 年在休斯敦国家航空和航天局载人宇宙飞船中心任宇航员；1966 年 3 月成为"双子星座—8"号宇宙飞船特级驾驶员。

1969 年 7 月 20 日，美国宇航员尼尔·阿姆斯特朗和巴兹·奥尔德林乘坐"阿波罗 11 号"飞船首次登上月球。

1969 年 7 月 16 日，阿姆斯特朗与奥尔德林、柯林斯乘坐"阿波罗 11 号"宇宙飞船，飞往人类向往已久的神秘月球。7 月 20 日，由阿姆斯特朗操纵"飞鹰"号登月舱在月球表面着陆，当天下午 10 时他与奥尔德林跨出登月舱，踏上月面。阿姆斯特朗率先踏上月球那荒凉而沉寂的土地，成为第一个登上月球并在月球上行走的人。就在那一刻，阿姆斯特朗说出了一句此后在无数场合经常被引用的名言："这是个人迈出的一小步，但却是人类迈出的一大步。"他们在月球上度过了 21 个小时，于 21 日从月球起飞，24 日返回地球。同年荣获美国总统颁发的自由勋章。

信息网络科技篇

什么是信息技术？

信息技术的英文简称为 IT，是英语 Information Technology 的缩写，是主要用于管理和处理信息所采用的各种技术的总称。信息技术主要是应用计算机科学和通信技术来设计、开发、安装和实施信息系统及应用软件。它也被称为信息和通信技术。信息技术主要包括传感技术、计算机技术、通信技术、自动化技术、微电子技术、光电子技术、光导技术、人工智能技术等等。

信息技术的应用主要包括计算机硬件和软件、网络和通讯技术、应用软件开发工具等。自从计算机和互联网普及以后，人们开始普遍使用计算机来生产、处理、交换和传播各种形式的信息，如书籍、商业文件、报刊、唱片、电影、电视节目、语音、图形、影像等等。

具体来讲，信息技术主要包括以下几方面技术：

(1)感测与识别技术

这种技术的主要作用是扩展人获取信息的感觉器官功能，主要包括信息识别、信息提取、信息检测等技术。此类技术也被总称是"传感技术"。它几乎可以扩展人类所有感觉器官的传感功能。传感技术、测量技术与通信技术相结合，从而产生了遥感技术，这就更加使得人类感知信息的能力得到了增强。信息识别包括文字识别、语音识别、图形识别等。

(2)信息传递技术

这种技术的主要功能是实现信息快速、可靠、安全的转移。各类通信技术都属于这个范畴。广播技术也属于一种传递信息的技术。由于存储、记录可以看成是从"现在"向"未来"或从"过去"向"现在"传

一口气读懂科技常识

递信息的一种活动,因此也可将它看作是信息传递技术的一种。

(3)信息处理与再生技术

信息处理包括对信息的编码、压缩、加密等。在对信息进行处理的基础上,还可以形成一些新的更深层次的决策信息,这叫做信息的"再生"。信息的处理与再生必须赖于现代电子计算机的超凡功能。

(4)信息施用技术

这是信息过程的最后环节。这种技术主要包括控制技术、显示技术等。

什么是驿站?

驿站,是指古代供传递官府文书和军事情报的人或来往官员途中食宿、换马的场所。我国是世界上最早建立组织传递信息的国家之一,邮驿历史长达 3000 多年。

从古至今,物流都与人类的生活密切相关,谈到中国古代的物流,首先就会想到驿站。简单地说,驿站就是古代接待传递公文的差役和来访官员途中休息、换马的场所,后来驿站的功能逐步扩展,最后被新生事物取代。我国有文字记载的驿站是在唐朝。宋人著的《五经总要》中曾提到唐代营州道上所设的驿站:"因受(今朝阳市)东百八十里,九递至燕郡城(今义县),自燕郡城东行,经汝罗守捉(今北镇),渡辽河十七驿至安东都护府(今辽阳市)约五百里"。里面所说的"九递十七驿"虽然没有提到具体的站名,但从中我们可以知道唐代驿站的设置已经达到了辽东地区。到了辽代,中京大定府到东京辽阳府之间设置了驿站,共有 14 处驿馆。到了金代,在上京会宁府到燕京之间,沿辽西傍海道设置了驿站。为了适应军事需要,加强通信联络,

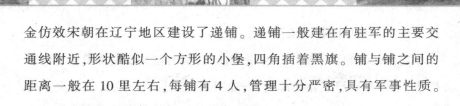

金仿效宋朝在辽宁地区建设了递铺。递铺一般建在有驻军的主要交通线附近，形状酷似一个方形的小堡，四角插着黑旗。铺与铺之间的距离一般在10里左右，每铺有4人，管理十分严密，具有军事性质。这时的递铺和驿站都归朝廷的兵部领导。

到了元朝，由于疆域的进一步扩大，元朝廷强化了驿站制度，这时驿站也叫"站赤"，是蒙古语驿站的译音。

到了明朝，除开通沈阳至旅顺的驿站外，在其他干线道路上都设置了驿站。明朝还设立了递运所，其主要任务是预付国家的军需、贡赋和赏赐之物。递运所始设于洪武元年（公元1376年），这是明朝运输的一大进步，使得货物运输有了专门的组织。

清顺治帝入关以后，建都于北京，称原都城盛京为留都。盛京的驿站也与其他省不同。驿站分为驿、站、铺三部分：驿站是官府接待宾客和安排官府物资的运输组织；站是传递重要文书和军事情报的组织，为军事系统所专用；铺由地方厅、州、县政府领导，负责公文、信函的传递。

驿站在我国古代运输中拥有非常重要的地位，在通讯手段十分原始的情况下，驿站承担着各种政治、经济、文化、军事等方面的信息传递任务，在一定程度上也是物流信息的一部分，是一种特定的网络传递与网络运输。

邮政是怎么来的？

所谓邮政，是指由国家管理或直接经营寄递各类邮件（信件或物品）的通信部门，具有通政、通商、通民的特点。

我国古代官府设置驿站，利用马、车、船等传递官方文书和军情，

一口气读懂科技常识

这是世界上最早的邮政雏形。

现代邮政起源于英国。19 世纪前期，英国在主要城市设置了邮政机构，采用邮票形式作为邮资(寄递费用)已付的凭证，为社会大众寄递各类邮件，是为现代邮政的开始。

我国的邮政经历了一个漫长而曲折的历史过程。自 1840 年鸦片战争以后，我国的邮政先后经历了半殖民地半封建时期的邮政、中华民国时期的中华邮政、中国革命战争时期的人民邮政、新中国建立以来为人民邮电事业及国民经济发展做出贡献的邮政、为适应新时期国民经济发展需要而改革的邮政以及未来与民生发展密切相关的邮政。

建国初期，我国邮政通信网的基础很差，网点稀少，设备陈旧简陋。1949 年底，全国(除西藏和台湾)仅有邮电局所 26328 个，每个邮电局所平均服务面积只有 364.6 平方千米，平均服务人口只有 2.1 万，业务种类仅限于函件、包件、汇票等几种。

自从国家实行改革开放以来，我国的邮政事业取得了持续、快速、健康的发展，邮政网络四通八达，覆盖全国、联通世界，逐步走出一条具有中国特色的邮政发展道路，主要体现在：通信能力明显增强、技术装备水平明显提高、业务经营工作成效显著、服务水平不断提高、对外合作交流不断增强。迄今为止，我国已经基本形成了航空、铁路、公路等多种运输形式综合利用，连接城乡、覆盖全国、通达世界的现代邮政网络。

什么是电信？

电信就是利用电子技术在不同的地点之间传递信息。电信包括

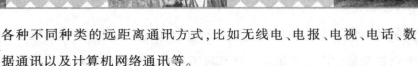

各种不同种类的远距离通讯方式,比如无线电、电报、电视、电话、数据通讯以及计算机网络通讯等。

组成通信系统的基本要素是发信机、通道和收信机。发信机主要负责将信息进行编码或转换成适合传输的信号。信号经由信道传输到收信机。在传输过程中,由于噪声的存在,信号难免会受到影响。收信机端试图应用适当的解码手段从劣化的信号中恢复信息的原样。描述信道的的一个重要指标是带宽。

通信系统的结构可以是点对点,也可以是一点对多点,广播就是一种特殊的一点对多点的传播形式。

国际电联对电信的定义是:电信是指使用有线电、无线电、光或其他电磁系统的通信。按照此定义,凡是发信者利用任何电磁系统,包括有线电信系统、无线电信系统、光学通信系统以及其他电磁系统,采用任何表示形式,包括符号、文字、声音、图像以及由这些形式组合而成的各种可视、可听或可用的信号,向 1 个或多个接收者发送信息的过程,都可以称为电信。它不仅包括电报、电话等传统的电信媒体,还包括光纤通信、数据通信、卫星通信等现代电信媒体,不仅包括上述双向传送信息的媒体,还包括广播、电视等单向信息传播媒体。

人类利用电来传送信息的历史是从电报开始的。电报是一种以符号传送信息的方式,即所谓的数字方式。但自从 1876 年电话发明以后,在电信领域里,模拟方式就占据了绝对优势。20 世纪 50 年代,PCM(编码脉冲调制,简称为脉码调制,是美国物理学家里布斯于1937 年提出的,现已广泛应用于电话、电视的传输)技术的出现,使数字通信方式又看到了一丝曙光。它的发展和壮大主要是依靠电子计

算机的力量。所以今天我们在谈及"电信"时,已经离不开计算机在各个电信领域的广泛应用了。计算机不仅在实现电信的智能化方面发挥了关键作用,而且它也使得电信不再是单纯"传送"信息,还进一步增加了信息的处理和存储功能。

100多年来,尽管电信的基本概念没有多大变化,但其外延却发生了深刻的变化。从目前来看,信息高速公路、互联网的兴起已经动摇了电话的统治地位,这些新兴的电信科技必将为人类带来更多更大的裨益和价值。

电报是谁发明的?

1793年,法国查佩兄弟在巴黎和里尔之间架设了一条长约230千米的接力方式传送信息的托架式线路。据说查佩兄弟是第一个使用"电报"这个词的人。

18世纪30年代,由于铁路迅速发展,迫切需要一种不受天气影响、不受时间限制又比火车跑得快的通信工具。此时,发明电报的基本技术条件(电池、铜线、电磁感应器)也已渐趋成熟。1832年,俄国外交家希林在当时著名物理学家奥斯特电磁感应理论的启发下,制作出了用电流计指针偏转来接收信息的电报机。1837年,英国库克和惠斯通设计制造了第一个有线电报,并且不断加以改进。这种电报很快在铁路通信中得到应用。1837年6月,库克获得了第一个电报发明专利权。不过,他的有线电报很不方便和实用,无法投入真正的实用阶段。

就在这个关键的历史时刻,莫尔斯出现在了历史舞台上。莫尔斯是一个美国画家,他在1832年旅欧学习途中,开始对电报这种新生

的技术产生了兴趣。经过 3 年的研究和实验，莫尔斯终于在 1835 年制成第一台无线电报机。但是如何把电报和人类的语言连接起来，是莫尔斯面临的最大难题，他在笔记本上写下了这样一段话："电流是神速的，如果它能够不停顿走十英里，我就让他走遍全世界。电流只要停止片刻，就会出现火花，火花是一种符号，没有火花是另一种符号，没有火花的时间长又是一种符号。这里有三种符号可组合起来，代表数字和字母。它们可以构成字母，文字就可以通过导线传送了。这样，能够把消息传到远处的崭新工具就可以实现了！"

随着这种伟大思想的成熟，莫尔斯成功地运用电流的"通"、"断"和"长断"来代替了人类的文字进行传送，这就是著名的莫尔斯电码。

1843 年，莫尔斯获得了 3 万美元的资助，他用这笔钱修建了从华盛顿到巴尔的摩的电报线路，全长约 64.4 千米。1844 年 5 月 24 日，是世界电信史上光辉的一页，莫尔斯在美国国会大厦里，亲自按动电报机按键，向巴尔的摩发出了人类历史上的第一份电报："上帝创造了何等奇迹！"电文很快传到了数十千米以外的巴尔的摩。他的助手准确无误地将电文译了出来。自此之后，莫尔斯的电报很快风靡全世界。

电报的发明，拉开了电信时代的序幕，开创了人类历史利用电来传递信息的先河。

电话的发明者到底是谁？

对于很多人来说，只要一提到电话的发明，一定会想到亚历山大·格雷厄姆·贝尔。

贝尔经过大量的研究和试验，终于在 1876 年 3 月 10 日成功研制

出了电话,贝尔的电话宣告了人类历史新时代的到来。

然而贝尔并非唯一致力于发明电话的人。一个名叫伊莱沙·格雷的人就曾与贝尔展开过关于电话专利权的法律诉讼。格雷与贝尔在同一天申报了专利,不过由于在具体时间上比贝尔稍晚了一点,所以最终败诉。

其实,关于电话的发明,还有另外一个默默无闻的意大利人,他就是安东尼奥·梅乌奇。1845 年,安东尼奥·梅乌奇移居到美国。梅乌奇一生痴迷于电生理学研究,他在不经意间发现电波可以传输声音。1850~1862 年,梅乌奇制造了几种不同形式的声音传送仪器,称为"远距离传话筒"。遗憾的是,梅乌奇生活贫困潦倒,根本无力保护他的发明。当时的美国,申报专利需要交纳 250 美元的申报费用,而长时期的研究工作已经耗尽了梅乌奇所有的积蓄。1870 年,梅乌奇又得了重病,被迫以 6 美元的低价卖掉了自己发明的通话设备。为了保护自己的发明,梅乌奇试图获取一份被称为"保护发明特许权请求书"的文件。为此他需要每年交纳 10 美元的费用,并且每年需要更新一次。3 年之后,梅乌奇沦落到靠领取社会救济金度日,他再也付不起手续费,请求书也随之失效。

1874 年,梅乌奇寄了几个"远距离传话筒"给美国西联电报公司,希望可以把这项发明卖给它。但是,他并没有得到任何回复。当他请求归还原件时,却被告知这些机器不翼而飞了。2 年之后,贝尔发明的电话问世,并与西联电报公司签订了巨额合同。梅乌奇为此提起诉讼,最高法院也同意审理此案。但是,1889 年梅乌奇去世了,诉讼也就不了了之。

一直到 2002 年 6 月 15 日,美国议会通过议案,认定安东尼奥·梅

乌奇是电话的发明者。 如今在梅乌奇的出生地佛罗伦萨有一块纪念碑，上面写着"这里安息着电话的发明者——安东尼奥·梅乌奇"。

世界上第一部手机是谁发明的？

世界上第一部移动电话诞生于 1985 年。当时还没有"手机"这样名词，由于这种电话要像背包那样背着行走，因此叫做肩背电话。

1973 年 4 月的一天，一个男子站在纽约街头，掏出一个约有两块砖头大的无线电话，并打了一通，引得过路人纷纷驻足观看。此人就是手机的发明者马丁·库帕。当时，库帕是美国摩托罗拉公司的工程技术人员。

在摩托罗拉工作期间，库帕一直有一个梦想，就是想让媒体知道无线通讯——尤其是小小的移动通讯手机是非常有价值的。另外，他还希望能激起美国联邦通讯委员会的兴趣，在摩托罗拉与 AT&T（AT&T 也是美国的一家通信大公司）的竞争中，能够支持前者。

其实，移动电话的概念早在 20 世纪 40 年代就出现了，当时，美国最大的通讯公司贝尔实验室率先对移动电话进行了研究和试制。1946 年，贝尔实验室制造出了第一部所谓的移动通讯电话。但是，由于体积过于庞大，研究人员只能将它放在实验室的架子上，慢慢人们就淡忘了。

一直到 60 年代末，AT&T 和摩托罗拉这两家公司才开始对这种技术产生了兴趣。当时，AT&T 出租一种体积庞大的移动无线电话，这种电话的功率达到 10 瓦，客户可以将它安装在大卡车上。库帕认为，这种电话太大太重，携带起来非常不方便，根本不能让人带着走。于是，摩托罗拉就向美国联邦通讯委员会提出申请，要求限定移动通讯设备的功率,其功率只能限定在 1~3 瓦。

从 1973 年手机注册专利,一直到 1985 年,才诞生了第一部现代意义上的、真正可以移动的电话。这种电话将电源和天线放置在一个盒子里,重量达 3 千克,使用者要像背包那样背着它行走,因此当时称之为"肩背电话"。

无线电广播的发展经历了怎样一个历程?

无线电是指在自由空间(包括空气和真空)传播的电磁波,是其中的一个有限频带,上限频率在 300GHz(吉赫兹),下限频率并不统一,在各种射频规范书籍里,常见的射频范围有 3 种：3kHz~300GHz,9kHz~300GHz,10kHz~300GHz。

所谓无线电技术,是指通过无线电波传播信号的技术。

无线电技术的原理大致是这样：导体中电流强弱的变化会产生无线电波,利用这一现象,通过调制可以将信息加载于无线电波之上,当电波通过空间传播到达收信端时,电波引起的电磁场变化又会在导体中产生电流,通过调节将信息从电流变化中提取出来,这样就达到了信息传递的目的。

1861~1865 年间,英国科学家麦克斯韦在总结前人研究电磁现象的基础上,最早在他的论文《电磁场的动力理论》中阐述了电磁波传播的理论基础,他断定电磁波是存在的,并且推导出电磁波与光具有相同的传播速度。

1887 年,德国物理学家海因里希·鲁道夫·赫兹用实验证实了电磁波的存在,从而验证了麦克斯韦的理论。其后,人们又进行了很多实验,不但证明了光是一种电磁波,而且还发现了更多形式的电磁

一口气读懂科技常识

波,它们在本质上是完全相同的,只是波长和频率有所差别。

1906年圣诞前夕,雷吉纳德·菲森登在美国的马萨诸塞州采用外差法实现了历史上首次无线电广播,菲森登广播了他自己用小提琴演奏的《平安夜》和朗诵的《圣经》片段。

1922年,位于英格兰切尔姆斯福德的马可尼研究中心开播了世界上第一个定期播出的无线电广播娱乐节目。

其实,关于究竟谁是无线电台的发明者问题还存在争议。

1893年,尼科拉·特斯拉在美国的密苏里州圣路易斯首次公开展示了无线电通信。

古列尔莫·马可尼拥有通常被认为是世界上第一个无线电技术的专利:英国专利12039号。

1897年,尼科拉·特斯拉在美国获得了无线电技术的专利。然而,美国专利局于1904年将其专利权撤销,转而授予马可尼发明无线电的专利。此举可能是受到马可尼在美国的经济后盾人物,包括托马斯·爱迪生、安德鲁·卡耐基影响的结果。1909年,马可尼和卡尔·费迪南德·布劳恩由于"发明无线电报的贡献"而获得诺贝尔物理学奖。

另外还有俄国的发明家波波夫,他在1901年也宣称自己发明了无线电。

1943年,在特斯拉去世后不久,美国最高法院重新认定特斯拉的专利有效。这一决定承认特斯拉的发明是在马可尼之前完成的。

无线电技术经历了由电子管到晶体管,再到集成电路,从短波到超短波,再到微波,从模拟方式到数字方式,从固定使用到移动使用诸个发展阶段。目前,无线电技术已经成为现代信息社会的重要支柱。

世界上第一台计算机是如何诞生的？

电脑是由早期的电动计算器发展而来的。1946年2月14日,诞生了世界上第一台电子数字计算机"埃尼阿克"(ENIAC)。

第二次世界大战期间,美国军方为了解决计算大量军用数据的难题,成立了由宾夕法尼亚大学莫奇利和埃克特领导的研究小组,开始研制世界上第一台电子计算机。

经过3年的紧张工作,第一台电子计算机终于在1946年2月14日问世了。这台计算机由17468个电子管、6万个电阻器、1万个电容器和6000个开关组成,重达30吨,占地面积为160平方米,耗电174千瓦,耗资45万美元,它每秒只能运行5000次加法运算,仅相当于一个电子数字积分计算机。

虽然"埃尼阿克"与现在的计算机相比,还不如一些高级袖珍计算器,但它的诞生却为人类开辟了一个崭新的信息时代,从而使人类社会发生了巨大的变化。

从"埃尼阿克"诞生到今天已有60多年了,在这期间,计算机以惊人的速度不断更新换代,首先是晶体管取代了电子管,继而是微电子技术的发展,使计算机处理器和存贮器上的元件越来越小,数量越来越多,计算机的运算速度越来越快,存储容量越来越大。1994年12月,美国的Intel公司宣布成功研制出世界上最快的超级计算机,它每秒钟可以进行3280亿次加法运算,是"埃尼阿克"计算机的6600万倍,如果让人完成它1秒钟进行的运算量的话,需要一个人昼夜不停地计算1万多年。

什么是计算机网络？

计算机网络，是指将地理位置不同的具有独立功能的多台计算机及其外部设备，通过通信线路连接起来，在网络操作系统、网络管理软件以及网络通信协议的管理和协调下，实现资源共享和信息传递的计算机系统。简单地说，计算机网络就是一些相互连接的、以共享资源为目的的、自治的计算机的集合。

最简单的计算机网络就是只有 2 台计算机和连接它们的 1 条链路，即 2 个节点和 1 条链路。由于不存在第三台计算机，因此也不存在交换的问题。

最复杂、最庞大的计算机网络就是因特网。它由很多的计算机网络通过许多路由器互联而成。因此因特网也叫做"网络的网络"。

计算机网络的功能主要体现在硬件资源共享、软件资源共享及用户间信息交换三个方面。

(1)硬件资源共享。可以在全网范围内提供对处理资源、存储资源、输入输出资源等昂贵设备的共享，从而使用户节省投资，也便于集中管理和均衡分担负荷。

(2)软件资源共享。计算机网络允许互联网上的用户远程访问各类大型数据库，用户可以得到网络文件传送服务、远地进程管理服务和远程文件访问服务，从而避免软件研制上的重复劳动和数据资源的重复存贮，也便于集中管理。

(3)用户间信息交换。计算机网络为分布在不同地域的用户提供了强有力的通信手段。用户可以通过计算机网络进行电子邮件传送、新闻消息发布及电子商务活动等等。

计算机网络主要分为哪几类？

通俗地讲，计算机网络就是由多台计算机或其他计算机网络设备通过传输介质和软件物理(或逻辑)连接在一起组成的。从总体上来说,计算机网络的组成基本上包括计算机、网络操作系统、传输介质(可以是有形的,也可以是无形的,如无线网络的传输介质就是空气)和相应的应用软件4部分。

虽然网络类型的划分标准多种多样，但是以地理范围划分是一种大多数人都认可的通用网络划分标准。按照此标准可以将各种网络类型划分为局域网、城域网、广域网和互联网4种。

(1)局域网(Local Area Network,简写为 LAN)

"LAN"即是指局域网,局域网是我们最常见、应用最广泛的一种网络。所谓局域网,就是在局部地区范围内使用的网络,它所覆盖的地区范围比较小。局域网在计算机数量配置上没有太多限制,少则可以只有2台,多则可达到几百台。在网络所涉及的地理距离上一般来说可以是几米至10千米以内。局域网一般位于一个建筑物或一个单位里,不存在寻径问题,不包括网络层的应用。

局域网的特点是:连接范围窄、用户数量少、配置容易、连接速率高。目前,局域网最快的速率要属现今的10G以太网了。IEEE 的802标准委员会定义了许多种主要的 LAN 网,如以太网(Ethernet)、令牌环网(Token Ring)、光纤分布式接口网络(FDDI)、异步传输模式网(ATM)以及最新的无线局域网(WLAN)等。

(2)城域网(Metropolitan Area Network,简写为 MAN)

城域网一般来说在一个城市,但不在同一地理小区范围内。这种网络的连接距离可以在 10~100 千米,它采用的是 IEEE 802.6 标准。与 LAN 相比,MAN 扩展的距离更长,连接的计算机数量更多,在地理范围上可以说是 LAN 网络的延伸。在一个大型城市或都市地区,一个 MAN 网络通常连接着多个 LAN 网。由于光纤连接的引入,使 MAN 中高速的 LAN 互联成为可能。

城域网多采用 ATM 技术做骨干网。ATM 是一个用于数据、语音、视频及多媒体应用程序的高速网络传输方法。ATM 包括一个接口与一个协议,该协议可以在一个常规的传输信道上,在比特率不变及变化的通信量之间进行切换。ATM 也包括硬件、软件以及与 ATM 协议标准一致的介质。ATM 提供一个可以伸缩的主干基础设施,以便于适应不同规模、速度及寻址技术的网络。ATM 的最大缺点是成本过高,因此一般在政府城域网中应用,如邮政、银行、医院等。

(3)广域网(Wide Area Network,简写为 WAN)

广域网也叫做远程网,它覆盖的范围比城域网更广,一般是在不同城市之间的 LAN 或 MAN 网络互联,地理范围可以从几百千米到几千千米。由于距离比较远,信息衰减比较严重,因此这种网络一般要租用专线,通过 IMP(接口信息处理)协议和线路连接起来,构成网状结构,解决循径问题。这种城域网由于所连接的用户比较多,总出口带宽有限,所以用户的终端连接速率一般较低,通常为 9.6Kbps~45Mbps。

(4)互联网(Internet)

互联网,又称为"因特网"(Internet 的音译)。无论是从地理范围来说,还是从网络规模来讲,互联网都是最大的一种网络,就是我们常说的"Web"、"WWW"和"万维网"等等。从地理范围来说,互联网可

以是全球计算机的互联,这种网络的最大的特点就是不定性,整个网络的计算机无时无刻不在随着人们网络的接入而发生变化。互联网的最大优点是信息量大,传播广,无论你身在何地,只要联上互联网,你就能对任何可以联网用户发出你的信函和广告。由于这种网络的复杂性,导致了这种网络实现的技术也是非常复杂的。

(5)无线网

随着笔记本电脑与个人数字助理等便携式计算机的日益普及,人们经常需要在路途当中接听电话、发送传真或电子邮件、阅读网上信息等等。但是在汽车或飞机上是不可能通过有线介质与单位的网络相连接的,此时无线网就派上用场了。

无线网尤其是无线局域网有许多优点,比如易于安装和使用。但无线局域网也有很多不足之处,比如它的数据传输率一般比较低,远远低于有线局域网;另外无线局域网的误码率也比较高,而且站点之间容易出现相互干扰的现象。

无线网的实现方法有许多种,比如国外的某些大学在它们的校园里安装很多天线,允许学生们坐在树底下查看图书馆的资料,这种情况是通过两个计算机之间直接通过无线局域网以数字方式进行通信实现的;另一种可能的方式是利用传统的模拟调制解调器通过蜂窝电话系统进行通信。目前,在国外的不少城市已经能提供蜂窝式数字信息分组数据(Cellular Digital Packet Data,CDPD)的业务,因而可以通过 CDPD 系统直接建立无线局域网。无线网的特点是使用户能够在任何时间、任何地点接入计算机网络,这就使得无线网具有强大的应用前景。

一口气读懂科技常识

信息高速公路是一条什么样的"公路"？

信息高速公路,也叫做高速公路信息网,其实就是一个高速度、大容量、多媒体的信息传输网络。这个信息传输网络的速度非常快,比目前网络的传输速度高出 1 万倍;而且它的容量非常大,一条信道就能传输大约 500 个电视频道或 50 万路电话。此外,这个网络的信息来源、内容以及形式也是多种多样的。网络用户可以在任何时间、任何地点以声音、数据、图像或影像等多媒体方式相互传递信息。

信息高速公路是一个高速信息电子网络,它能为用户随时提供大量信息,主要由通信网络、计算机、数据库以及日用电子产品等部分组成。开发和实施信息高速公路计划,不仅能促进信息科学技术的发展,而且有助于改变人们的生活、工作和交往方式。

构成信息高速公路的核心,是以光缆作为信息传输的主干线,采用支线光纤和多媒体终端,用交互方式传输数据、电视、话音、图像等多种形式信息的千兆比特的高速数据网。

信息高速公路的"路面"是用光纤铺成的。光纤的频带非常宽,这就使得光纤通信系统的通信容量非常大。一根细如发丝的光纤就能同时传送 500 个电视频道的图像信号或 50 万路电话的语音信号。一根光纤丝的信息容量相当于几千根金属导线。此外,光纤的抗干扰能力非常强,信号通过时的衰减也非常小。

所谓建立信息高速公路,其实就是利用数字化大容量的光纤通讯网络,在政府机构、各大学、研究机构、企业乃至普通家庭之间建成计算机联网。信息高速公路建成以后,将大大改变人们的生活、工作以及相互沟通方式,加快科技交流,提高工作质量和效率,享受影视

娱乐、遥控医疗,实施远程教育,进行视频会议,实现网上购物等等。

信息高速公路主要由以下 4 个基本要素组成:

(1)信息高速通道

这是一个可以覆盖全国范围的以光纤通信网络为主的,辅以微波和卫星通信的数字化、大容量、高速率的通信网。

(2)信息资源

信息资源主要包括资源、环境、社会、经济、文化教育等各个领域的图形、图像、文本、多媒体等的海量信息,其中 80% 与空间位置相关。

(3)信息处理和控制

这主要是指通信网路上的高性能计算机和服务器,即高性能的计算机和工作站对信息在输入/输出、传输、存储、交换过程中的处理和控制。

(4)信息服务对象

信息服务对象,即用户。使用多媒体经济、智能经济和各种应用系统的用户可以通过通信终端享受丰富的信息资源,满足各自的不同需求。

什么叫数字图书馆?

数字图书馆,是指利用数字技术处理和存储各种图文并茂文献的图书馆,它实质上是一种多媒体制作的分布式信息系统。它将各种不同载体、不同地理位置的信息资源用数字技术存储,以便于跨越区域、面向对象的网络查询和传播。通俗地讲,数字图书馆就是虚拟的、没有围墙的图书馆,是一个基于网络环境下共建共享的可扩展的知识网络系统,是一种超大规模的、分布式的、便于使用的、没有时空限

制的、可以实现跨库无缝链接与智能检索的知识中心。

数字图书馆，虽然称之为"馆"，但它并非一个图书馆实体：它对应于各种公共信息管理与传播的现实社会活动，表现为各种新型信息资源组织和信息传播服务；它借鉴图书馆的资源组织模式、借助计算机网络通讯等高新科技，以普遍存取人类知识为目标，创造性地运用知识分类及精准检索手段，有效地进行信息整合，使人类获取信息消费不受空间限制，很大程度上也不受时间限制。

数字图书馆的服务是以知识概念为引导，将文字、图像、声音等数字化信息，通过互联网传输，从而做到信息资源共享。任何一个拥有电脑终端的用户只要通过联网，登录相关数字图书馆的网站，就可以在任何时间、任何地点方便、快捷地享用世界上任何一个"信息空间"的数字化信息资源。

数字图书馆既是一个完整的知识定位系统，又是一种面向未来互联网发展的信息管理模式，它可以广泛地应用于社会文化、终身教育、大众媒介、商业咨询、电子政务等一切社会组织的公众信息传播。随着数字地球概念、技术、应用领域的发展，数字图书馆已经成为数字地球家庭的成员，为信息高速公路提供必需的信息资源，是知识经济社会中最重要的信息资源载体之一。

从概念角度讲，"数字图书馆"可以理解为 2 个范畴，即数字化图书馆和数字图书馆系统，它主要涉及两方面的工作内容：①将纸质图书转化为电子版的数字图书；②电子版图书的存储、交换和流通。

什么是电子商务？

随着互联网的迅速发展，很多网站都把眼光投向了"电子商务"。

那么,什么是"电子商务"?

所谓电子商务,是指利用计算机技术、网络技术以及远程通信技术,实现整个商务(买卖)过程中的电子化、数字化和网络化,由于电子商务的英文是 Electronic Commerce,所以电子商务也简称为 EC。在电子商务活动中,人们不再是面对面的、看着实实在在的货物、靠纸介质单据(包括现金)进行买卖交易,而是通过网络,通过网上琳琅满目的商品信息、完善的物流配送系统和方便安全的资金结算系统进行交易。说白了即电子是手段,商务是目的。

电子商务涵盖的范围非常广,一般可以分为 B2C(Business to Consumer,即企业对消费者)、B2B(Business to Business,即企业对企业)、C2C(Consumer to Consumer,即消费者对消费者)、B2G(Business to Government,即企业对政府)等 4 种经营模式。随着国内 Internet 使用人数的日益增多,电子商务的消费方式已日渐流行,电子商务网站亦是层出不穷。

电子商务的整个交易过程可以分成 3 个阶段:

(1)信息交流阶段。对于商家而言,这个阶段就是发布信息阶段。商家选择自己的优秀商品,精心组织自己的商品信息,建立自己的网页,然后加入名气较大、影响力较强、点击率较高的著名网站中,让尽可能多的消费者了解和认识自己的产品或服务。对于消费者而言,这个阶段则是去网上搜寻商品以及商品信息的阶段。消费者根据自己的需要,上网查找自己所需要的信息和商品,进而选择信誉好、服务好、价格合理的卖家。

(2)签定商品合同阶段。对于 B2B(商家对商家)电子商务模式而言,这一阶段是签定合同、完成必需的商贸票据的交换过程。在这一

过程中,数据的准确性、可靠性、不可更改性等复杂的问题是非常值得注意的问题。对于B2C(商家对个人客户)而言,这一阶段是完成购物过程的定单签定过程,消费者需要将自己选好的商品、自己的联系信息、送货的方式、付款的方法等在网上签好后提交给商家,商家在收到定单后应发来邮件或电话核实上述内容。

(3)按照合同进行商品交接、资金结算阶段。这一阶段是整个商品交易最关键的阶段,不但要涉及资金在网上的正确、安全到位,同时还涉及商品配送的准确、按时到位。在这个阶段有银行以及配送系统的介入,在技术、法律、标准等方面都有更高的要求。网上交易能否最终成功,关键就在于此。

网上购物为什么如此盛行?

所谓网上购物,就是通过互联网检索商品信息,并通过电子订购单发出购物请求,然后填上私人支票账号或信用卡的号码,厂商通过邮购的方式发货,或是通过快递公司送货上门。我国国内的网上购物,比较普遍的付款方式有款到发货(直接银行转账、在线汇款)、担保交易(淘宝支付宝、百度百付宝、腾讯财付通等的担保交易)、货到付款等。

随着互联网在我国的进一步发展和普及,网上购物逐渐成为人们的网上行为之一。据有关部门预测:2010年中国网购市场规模将达到4640亿元,届时网上销售额将占到社会商品零售总额的3%以上。

网上购物之所以备受人们青睐,主要是因为网上购物具有很多独特的优点——

(1)对于消费者来说:①可以足不出户、在家"逛商店",订货不受

一口气读懂科技常识

时间的限制;②可以获得较大量的商品信息,能够买到当地没有的商品;③与传统的拿现金支付相比,网上支付显得更加安全,可以避免现金丢失或遭到抢劫(不过要保存好自己各种支付账号和密码,严防他人获得);④从订货、买货到货物上门无需亲临现场,既省时又省力;⑤由于网上的商品省去了租店面、雇佣店员、储存保管等一系列费用,所以其价格比一般商场的同类商品更便宜。

(2)对于商家来说,由于网上销售没有库存压力、经营成本低、经营规模不受场地限制等,所以在将来会有更多的企业选择网上销售,而且企业可以通过互联网对市场信息的及时反馈,适时地调整经营战略,以此提高企业的经济效益。

(3)对于整个市场经济来说,这种新型的购物模式可以在更大范围内、更广层面上以更高的效率实现资源配置。

综上所述,网上购物突破了传统商务的障碍,无论是对消费者、企业还是市场,都有着巨大的吸引力和影响力,它无疑是一种达到"多赢"效果的理想模式。

网上购物需要注意哪些安全事项？

网上购物在给了我们快捷方便的同时,也存在着不少安全隐患,所以我们有必要注意以下几方面安全事项:

(1)选购前应该询问一下卖家拍摄的图片是否与实物完全相符,以免购买的商品不尽如人意。

(2)无论是买家还是卖家,最好还是支持使用支付宝,这对双方都有保障。

(3)买方收到货物后,应该尽快、仔细检查货物有无质量问题,特

别是某些部件、功能是否完好,还要注意商品的保修期或保质期。

(4)不要贪图便宜货,正所谓"一分钱、一分货",质量是购买商品的首要因素。

(5)邮费可是计重量的,因此,太重的物品并不适宜网上购买。

(6)尽量选择有口碑的网站,选择经营时间较长的网站,历史越长,可信度越高。国内比较好的购物网站有淘宝网、当当网等。另外可以选择一些好的导购网站。

(7)汇款前要查询银行账户信息。订货的同时就要给对方付款。此时必须查询银行账户或信用卡是在哪个城市开户的,如果与公司地址不一致,应该提高警惕。对以公司名义从事交易活动,却要求消费者将货款打入个人账户的尤其应当谨慎,以免上当受骗。

(8)收货时一定索要相关凭证。就目前而言,商家对网购商品不承担售后责任是消费者最头疼的问题。因此,消费者收货时应该向卖家索要相关凭证。此外,消费者一定要注意完整保存"电子交易单据",在商家送货时注意核对货品是否与所订购商品一致,有无质量保证书、保修凭证等,同时索要购物发票或收据。

(9)注意收货时限。在收货时间上,一般情况下,消费者在给对方汇款以后的 10 天内基本上就能收到自己的商品了,如果超过了这个期限,仍迟迟未收到对方的信息,通过网上、手机等也联系不到卖家,此时,消费者就应该及时整理自己的所有汇款、交易等凭证,上报公安机关来处理。

(10)保管好自己的个人资料,信用卡号码和身份证号码不要轻易泄露,更不要轻易地把信用卡和身份证交与他人。

(11)认真阅读交易规则。特别是应注意有关产品质量、交货方

式、费用负担、退换货程序、免责款、争议解决方式等方面的内容。由于此类电证据具有"易修改性"，因此在开始交易时，应将这些凭证打印保存。

(12)如果使用信用支付，最好使用专用的一个账户，卡内不宜存放太多现金。同时应尽量杜绝在网吧等公共场合使用，以防用户信息泄露。每次购物以后要及时修改密码。应尽量选择货到付款、同城交易方式。

(13)注意保存有关单据。购买者应注意保存有关"电子交易单据"，包括商家以电子邮件方式发出的确认书、用户名和密码等。建议存邮时不要漏掉完整的信头，因为该部分记载了邮件的发件地址。

(14)提出控诉

如果你在网上购物过程中遇到了问题，你应该及时通知这家商务公司。如果该公司自己不解决有关的问题，你就应该与有关主管部门联系了。

什么是电子政务？

所谓电子政务，是指运用计算机、网络以及通信等现代信息技术手段，实现政府组织结构与工作流程的优化重组，超越时间、空间及部门分隔的限制，建成一个精简、高效、廉洁、公平的政府运作模式，以便全方位地向社会提供优质、规范、透明、符合国际水准的管理与服务。

电子政务主要分为以下 3 种类型：G2G（Government to Government，即政府间电子政务）；B2G（Business to Government，即政府对商业机构间电子政务）；C2G（Consumer to Government，即政府对公民间

电子政务）。

　　电子政务包含很多方面的内容，如政府办公自动化、政府部门间的信息共建共享、政府实时信息发布、各级政府间的远程视频会议、公民网上查询政府信息、电子化民意调查以及社会经济统计等。

　　在世界各国积极倡导的"信息高速公路"的应用领域中，"电子政府"居于首位，可见政府信息网络化在社会信息网络化中的重要地位。在政府内部，各级领导可以在网上及时了解、指导和监督各部门的工作，并向各部门做出各项指示。这将是办公模式和行政观念上的一次革命。同时，政府各部门之间可以通过网络实现信息资源的共建共享联系，既可以提高办事效率、质量及标准，又可以节省政府开支，起到反腐倡廉的功效。

　　政府是国家的管理部门，因此实行电子政务有助于政府管理的现代化。我国政府部门的职能正从管理型向管理服务型转变，承担着大量的公众事务的管理与服务职能，所以政府机构更应当及时上网，以适应未来信息网络化社会对政府的需要，提高工作效率和政务的透明度，建立政府与人民群众交流与沟通的渠道，为整个社会提供更广泛、更便捷的信息与服务，实现政府办公电子化、自动化和网络化。通过网络这种便捷的信息手段，政府可以让人民群众迅速了解政府机构的组成、职能、办事规程以及各项政策法规，增加办事执法的透明度，并自觉接受群众的监督。同时，政府还可以在网上和群众进行信息交流，听取群众的意见和建议，从而为公众与政府部门打交道提供便利。

　　在电子政务中，政府机关的各种数据、文件、档案、社会经济数据等都以数字形式存储于网络服务器中，以便于通过计算机检索机制

快速查询、即用即调。经济和社会信息数据是花费了大量的人力、财力收集的宝贵资源,若以纸质存储,其利用率非常低,若以数据库文件存储于计算机中,则有利于从中挖掘出许多有用的知识和信息,服务于政府决策。

电子政务的主要内容有如下几个方面:

(1)政府从网上获得信息,推进网络信息化;

(2)加强政府的信息服务,在网上开设政府自己的网站和主页,向公众提供可能的信息服务,实现政务公开;

(3)建立网上服务体系,使政务在网上与公众互动处理,即"电子政务";

(4)将电子商业用于政府,即"政府采购电子化"。

什么是网上银行?

网上银行,又叫做网络银行、在线银行等,是指银行利用互联网技术,通过互联网向客户提供开户、销户、查询、对账、行内转账、跨行转账、信贷、网上证券、投资理财等传统服务项目,使客户可以足不出户就能安全、便捷地管理活期和定期存款、支票、信用卡及个人投资等。简单地说,网上银行即在 Internet 上的虚拟银行柜台。

网上银行通常又被称为"3A 银行",这是因为它不受时间、空间限制,可以在任何时间(Anytime)、任何地点(Anywhere)、以任何方式(Anyhow)为客户提供金融服务。

网上银行发展的模式有 2 种:①完全依赖于互联网的无形电子银行,也称为"虚拟银行",即没有实际的物理柜台作为支持的网上银行,这种网上银行通常只有一个办公地址,没有其他分支机构,也没有营业网点，采用国际互联网等高科技服务手段与客户建立密切的联系，提供全方位的金融服务。以美国安全第一网上银行为例，它成立于1995年10月，是在美国成立的第一家无营业网点的虚拟网上银行，其营业厅就是网页画面，当时银行的员工仅有19人，主要的工作就是对网络的维护与管理。②在现有的传统银行的基础上，利用互联网开展传统的银行业务交易服务，也就是传统银行利用互联网作为新的服务手段为客户提供在线服务，其实是传统银行服务在互联网上的延伸，这是目前网上银行存在的主要形式，也是绝大多数商业银行采取的网上银行发展模式。目前，我国国内的网上银行基本上都属于第二种模式。

什么是网上书店？

顾名思义，网上书店就是网站式的书店，是一种高质量、更快捷、更方便的购书方式。网上书店不仅可以用于图书、音碟、影碟的在线销售，而且网站式书店对图书的管理更加合理化和信息化。网上书店在售书的同时，还具有书籍类商品管理、购物车、订单管理、会员管理等功能。不过网上书店的真实性是消费者的最大顾虑，这也是网上书店还不能被大多数消费者所接受的主要原因。

在网上书店买书，能查到所买图书的更多信息，因为网上书店是一个网站，它有自己独特的售书方式和功能，如用户注册会员功能等，会员类型主要有高级会员、金牌会员等。有的网上书店还设有会员积分制度，比如普通会员达到一定积分时自动升为高级会员，高级会员享有优惠和特别的服务等。另一个就是支付方式，网上书店通常有3种类型的支付方式，即汇款类支付、在线支付、其他支付方式，其

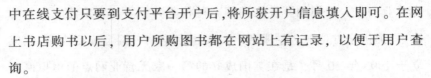

中在线支付只要到支付平台开户后，将所获开户信息填入即可。在网上书店购书以后，用户所购图书都在网站上有记录，以便于用户查询。

网上书店与现实书店相比较，各具优缺点。网上书店的优点：涉及范围广，经营成本低；缺点：如果信用度比较低，就会影响效益。现实书店的优点：直观，信用度高；缺点：涉及范围窄，经营成本高。

什么是电子邮件？

电子邮件，简称为 E-mail，是英文 Electronic mail 的缩写，标志是 @，通常被广大的网友们亲切地称为"伊妹儿"，也称为电子信箱或电子邮政。电子邮件是一种利用电子手段提供信息交换的通信方式，是互联网应用最广泛的服务之一。用户通过电子邮件系统，可以用非常低廉的价格，以非常快的速度，与世界上任何一个角落的网络用户联系，这些电子邮件可以是文字、图像、声音等多种方式。同时，用户还可以获得大量免费的新闻、专题邮件等。

电子邮件在互联网上发送和接收的原理和我们日常生活中邮寄包裹相类似：当我们要寄一个包裹的时候，我们首先要找到任何一个有这项业务的邮局，在填写好收件人姓名、地址等等之后，包裹就会寄至收件人所在地的邮局，然后对方到邮局取出即可。同样的道理，当我们发送电子邮件的时候，这封邮件是由邮件发送服务器(任何一个都可以)发出，并根据收信人的地址判断对方的邮件接收服务器，然后将这封信发送到该服务器上、收信人要收取邮件也只能访问这个服务器才能完成。

电子邮件地址的格式是"USER@SERVER.COM"，即由 3 部分组

一口气读懂科技常识

成：①"USER"代表用户信箱的账号,对于同一个邮件接收服务器而言,这个账号必须是唯一的;②"@"是分隔符;③"SERVER.COM"是用户信箱的邮件接收服务器域名,用以标志其所在的位置。

什么是电子邮件炸弹？

电子邮件炸弹,具体是指电子邮件的发送者,利用某些特殊的电子邮件软件,在极短的时间内连续不断地将大容量的电子邮件邮寄给同一个收信人,而一般收信人的邮箱容量是有限的,在如此大容量的信件面前肯定是不堪重负的,所以必然"爆炸身亡"。

电子邮件炸弹可以说是目前网络安全中最为"流行"的一种"恶作剧",而那些用来制作恶作剧的特殊程序就被称为 E-mail Bomber。当某个人或某个公司的所做所为引起了某位好事者的不满时,这位好事者就会采取这种手段发动进攻,以泄私愤。这种攻击手段不但会影响用户的电子邮件系统的正常使用,而且它还可能影响到邮件系统所在的服务器系统的安全,造成整个网络系统的瘫痪,因此电子邮件炸弹是一种杀伤力极强的网络武器。

电子邮件炸弹之所以如此可怕,主要是因为它可以大量消耗网络资源,导致网络塞车,使大量的用户不能正常地工作。通常情况下,因特网服务商给一般的网络用户的信箱容量都是很有限的,最多是10MB 左右的空间,而在这个有限的空间里,用户除了让它处理电子邮件外,还要用它来存储一些下载下来的软件,或者是存储一些自己喜欢的网页内容。如果用户在极短时间内收到上千上万封电子邮件,而且每封电子邮件的容量都比较大,那么经过一轮邮件炸弹轰炸之后,用户电子邮件的总容量很容易就把用户有限的阵地挤垮。如果发

生了这种情况，用户的电子邮箱中将没有任何多余的空间接纳其他邮件，那么别人寄给用户的电子邮件将会被丢失或者被退回，此时用户的邮箱已经失去了作用。另外一方面，这些电子邮件炸弹所携带的大容量信息不断在网络上来回传输，很容易堵塞带宽并不富裕的传输信道，而且网络接入服务提供者需要不停地忙着处理你大量的电子邮件的来往交通，这样就会加重服务器的工作强度，减缓处理其他用户的电子邮件的速度，从而导致整个过程的延缓。如果网络接入服务提供者无法承受这样的疲劳工作，网络随时都可能瘫痪，更甚者可能引发整个网络系统的崩溃。

信用卡是怎么来的？

信用卡是一种非现金交易付款的方式，是一种简单的信贷服务。信用卡是一个长约 85.6 毫米、宽约 53.98 毫米、厚约 1 毫米的塑料卡片，信用卡消费是由银行或信用卡公司依照用户的信用度和财力发给持卡人，持卡人持信用卡消费时无须支付现金，待结账日时再行还款的一种消费方式。除部分与金融卡结合的信用卡外，一般的信用卡与借记卡、提款卡不同，信用卡不会从用户的账户直接扣除资金。

信用卡于 1915 年起源于美国。最早发行信用卡的机构并不是银行，而是一些百货商店、饮食业、娱乐业和汽油公司。美国的一些商店、饮食店为了招徕顾客，推销商品，提升营业额，有选择地在一定范围内发给顾客一种类似金属徽章的信用筹码，后来逐渐演变成用塑料制成的卡片，作为客户购物消费的凭证，开展了凭信用筹码在本商号、公司或汽油站购物的赊销服务业务，顾客可以在这些发行筹码的商店及其分号赊购商品，然后约定一定期限付款。这便是信用卡的雏

一口气读懂科技常识

形。

据说有一天，美国商人弗兰克·麦克纳马拉在纽约一家饭店请一位客人吃饭。吃完饭以后，麦克纳马拉发现他的钱包忘记带了，因而感到非常难堪，不得不打电话叫妻子带现金来饭店结账。由此麦克纳马拉产生了创建信用卡公司的想法。1950 年，麦克纳马拉与他的好友施奈德合作投资 1 万美元，在纽约创立了"大来俱乐部"(Diners Club)，也就是大来信用卡公司的前身。大来俱乐部为会员们提供一种能够证明身份和支付能力的卡片，会员凭卡片可以记账消费。这种无须银行办理的信用卡的性质仍然属于商业信用卡的范畴。

1952 年，美国加利福尼亚州的富兰克林国民银行作为金融机构首度发行了银行信用卡。

1959 年，美国的美洲银行在加利福尼亚州发行了美洲银行卡。自此以后，很多银行纷纷效法，加入了发行银行信用卡的行列。到了 20 世纪 60 年代，银行信用卡已经受到社会各界的普遍欢迎，因此得以迅速发展。

什么叫遥感技术？

遥感技术是 20 世纪 60 年代兴起的一种探测技术，是根据电磁波的理论，应用各种传感仪器对远距离目标所辐射和反射的电磁波信息，进行收集、处理，并最后成像，从而对地面各种景物进行探测与识别的一种综合技术。比如，航空摄影就是一种遥感技术。人造地球卫星发射成功，大大推动了遥感技术的发展。现代遥感技术主要包括信息的获取、传输、存储和处理等环节。完成上述功能的全套系统称为遥感系统，其核心组成部分是获取信息的遥感器。遥感器的种类非

一口气读懂科技常识

常多，主要有照相机、电视摄像机、多光谱扫描仪、成像光谱仪、微波辐射计、合成孔径雷达等。传输设备主要用于将遥感信息从远距离平台（如卫星）传回地面站。信息处理设备主要包括彩色合成仪、图像判读仪和数字图像处理机等。

任何一种物体都具有光谱特性，具体来说，它们都具有不同的吸收、反射、辐射光谱的性能。在同一光谱区各种物体反映的情况不同，同一物体对不同光谱的反映也有明显差异。即使是同一物体，在不同的时间和地点，由于太阳光照射的角度不同，它们吸收和反射的光谱也不尽相同。根据这些原理，遥感技术就能对物体作出判断。

遥感技术通常是使用绿光、红光和红外光三种光谱波段进行探测。绿光段一般用于探测地下水、岩石和土壤的特性等；红光段主要用于探测植物生长、变化及水污染等；红外段主要用于探测土地、矿产及资源等。除此之外，微波段可以用于探测气象云层及海底鱼群的游弋等等。

目前，遥感技术已广泛应用于军事侦察、导弹预警、军事测绘、海洋监视、气象观测等。在民用方面，遥感技术广泛应用于地球资源普查、植被分类、土地利用规划、农作物病虫害和作物产量调查、环境污染监测、海洋研制、地震监测等方面。

什么是人工智能？

人工智能是一个舶来语，英文为 Artificial Intelligence，缩写为 AI。人工智能是研究、开发用于模拟、延伸和扩展人的智能的理论、方法、技术及应用系统的一门新的技术科学，它是计算机科学的一个分支，它企图了解智能的实质，并生产出一种新的能以人类智能相似的

方式做出反应的智能机器,该领域的研究包括机器人、语言识别、图像识别、自然语言处理和专家系统等。

"人工智能"一词最初是在 1956 年 Dartmouth 学会上提出的。从那以后,研究者们发展了很多理论和原理,人工智能的概念也随之扩展。人工智能是一门极其复杂且具有挑战性的科学,它涉及的学科范围非常广泛,如果要从事这项工作,必须懂得计算机知识、心理学知识和哲学知识等等。总的说来,人工智能研究的主要目标是使机器能够胜任一些通常需要人类智能才能完成的复杂工作。但在不同时代、不同的人对这种"复杂工作"的理解是不尽相同的,例如繁重的科学和工程运算本来是要人脑来承担的,而计算机不仅能出色地完成这种运算,而且比人脑做得更快、更准确,因此,当代人已不再把这种计算看作是"需要人类智能才能完成的复杂任务"。由此可见,复杂工作的内涵是随时代的发展和技术的进步而变化的,人工智能这门科学的具体目标也是随着时代的发展而发展的。它一方面不断取得新的进展,另一方面又朝着更有意义、更加困难的目标转向。目前可以用来研究人工智能的主要物质手段以及能够实现人工智能技术的机器就是计算机,因此人工智能的发展是与计算机的发展紧密联系在一起的。除了计算机科学以外,人工智能还涉及信息论、控制论、自动化、仿生学、生物学、心理学、数理逻辑、语言学、医学以及哲学等众多学科。人工智能学科研究的内容主要包括知识表示、自动推理和搜索方法、机器学习和知识获取、知识处理系统、自然语言理解、计算机视觉、智能机器人、自动程序设计等领域。

人工智能是计算机学科的一个分支,20 世纪 70 年代以来被称为世界三大尖端技术(空间技术、能源技术、人工智能)之一,也被认为

一口气读懂科技常识

是 21 世纪三大尖端技术(基因工程、纳米科学、人工智能)之一。这是因为近 30 年来，人工智能获得了迅速的发展，在很多学科领域都获得了广泛应用，并且取得了丰硕的成果。人工智能在实际生活中应用非常广泛，比如用于机器视觉：指纹识别、人脸识别、视网膜识别、虹膜识别、掌纹识别等；此外还可以用于专家系统、智能搜索、定理证明、博弈、自动程序设计、航天等方面。目前，人工智能还处于进一步研究中，但是有学者认为让计算机拥有智商是非常危险的，比如它可能会反抗人类。

什么叫 GPS 全球定位系统？

GPS 是英文 Global Positioning System 的缩写，意思是全球定位系统。GPS 全球定位系统实际上是一个由覆盖全球的 24 颗卫星组成的卫星系统。这个系统可以保证在任何时刻，地球上任意一点都可以同时观测到 4 颗卫星，以保证卫星可以采集到该观测点的经纬度和高度，从而便于实现导航、定位、授时等功能。这项技术可以用来引导飞机、船舶、车辆以及个人，安全、准确地沿着选定的路线，准时抵达目的地。

全球定位系统是 20 世纪 70 年代由美国陆海空三军联合研制的新一代空间卫星导航定位系统。它的主要目的是为陆、海、空三大领域提供实时、全天候和全球性的导航服务，并用于情报收集、核爆炸监测和应急通讯等一系列军事目的，是美国独霸全球战略的重要组成部分。经过 20 多年的研究实验，一直到 1994 年 3 月，全球覆盖率高达 98% 的 24 颗 GPS 卫星星座已经布设完成。

全球定位系统的前身是美军研制的一种"子午仪"导航卫星系

统,这种系统早在1964年就已正式投入使用。该系统用5~6颗卫星组成的星网工作,每天最多绕过地球13次,而且不能给出高度信息,在定位的精确度方面也不尽如人意。但是,"子午仪"系统让研发部门对卫星定位取得了初步经验,并且验证了由卫星系统进行定位的可行性,因而为GPS系统的研制起到了铺垫作用。

GPS全球卫星定位系统主要由3部分组成:①空间部分——GPS星座,主要由24颗工作卫星组成;②地面控制部分——地面监控系统,主要由1个主控站、5个全球监测站和3个地面控制站组成;③用户设备部分——GPS信号接收机,接收机硬件和机内软件以及GPS数据的后处理软件包构成完整的GPS用户设备。

GPS全球定位系统的用途非常广泛:

(1)陆地应用

主要包括车辆导航、应急反应、大气物理观测、地球物理资源勘探、工程测量、变形监测、地壳运动监测、市政规划控制等。

(2)海洋应用

主要包括远洋船最佳航程航线测定、船只实时调度与导航、海洋救援、海洋探宝、水文地质测量、海洋平台定位、海平面升降监测等。

(3)航空航天应用

主要包括飞机导航、航空遥感姿态控制、低轨卫星定轨、导弹制导、航空救援、载人航天器防护探测等。

雷达是一种什么仪器?

"雷达"的概念形成于20世纪初期,是英文radar的音译,为Radio Detection And Ranging的缩写,意思是无线电检测和测距。雷达是

一种利用电磁波探测目标的电子设备，它发射电磁波对目标进行照射并接收其回波，由此获得目标到电磁波发射点的距离、距离变化率、方位、高度等信息。

虽然雷达的种类、具体用途及结构不尽相同，但其基本形式是一样的，主要包括5个基本组成部分：发射机、发射天线、接收机、接收天线和显示器，另外还包括电源设备、数据录取设备、抗干扰设备等辅助设备。

雷达所起的作用跟人的眼睛和耳朵相类似。雷达的信息载体是无线电波。当然，无论是可见光还是无线电波，在本质都是一种电磁波，传播的速度都等于光速，其差别仅仅在于它们各自占据的频率和波长不同。

雷达的工作原理大致如下：雷达设备的发射机通过天线把电磁波能量射向空间某个方向，处在此方向上的物体将碰到的电磁波反射回去；雷达天线将物体反射回的电磁波接受，并送到接收设备进行处理，提取有关该物体的某些信息，如目标物体到雷达的距离、距离变化率或径向速度、方位、高度等。

雷达的主要优点是不受时间、气候、天气等自然因素的影响，具有全天候、全天时的特点，并且具有一定的穿透能力。因此，雷达不仅成为军事上不可或缺的电子装备，而且在社会经济发展（如气象预报、资源探测、环境监测等）和科学研究（如天体研究、大气物理、电离层结构研究等）领域也得到了广泛的应用。另外，雷达在洪水监测、海冰监测、土壤湿度调查、森林资源清查、地质调查等方面也都具有很好的应用潜力。

能源环保科技篇

什么是传统能源？

到底什么是能源呢？确切而简单地讲，能源就是自然界中能为人类提供某种形式能量的物质资源。能源也叫做能量资源或能源资源，是指能产生各种能量（如热量、电能、光能和机械能等）或可作功的物质的统称，主要包括煤炭、原油、天然气、煤层气、水能、核能、风能、太阳能、地热能、生物质能等一次能源，电力、热力、成品油等二次能源，以及其他新能源和可再生能源。

传统能源，也叫做常规能源，是指在现阶段科技水平条件下，人们已经广泛开发使用、技术上比较成熟的能源，比如煤炭、石油、天然气、水能、木材等。随着科学技术的不断发展，非常规能源也在不断地转化为常规能源。在同一历史时期，由于各国科技水平的差异，常规能源和非常规能源的范围也可能不尽相同，比如工业发达的国家已将核裂变能归入常规能源之列，而在我国核能尚属非常规能源。传统能源中的煤炭、石油和天然气都是由远古的生物化石逐渐演变而成的，故而统称为化石燃料。煤炭是世界上储量最丰富的矿物资源，其次是石油和天然气，这三种能源是最典型的传统能源。

我国古代的煤炭开采情况是怎样的？

在中国古代，煤又被称为石炭、乌薪、黑金、燃石等。在古代地理文献《山海经》里，最早记载了煤的存在，称其为"石涅"。中国从汉代起就开始开采并使用煤了。在古代东北地区抚顺民居的火炕里，在中原地区炼铁的遗址中，都发现了燃烧过的煤炭和未燃烧的煤饼，这说明那时中国已经使用煤炭作为取暖能源和炼铁能源了。

中国另一部地理文献《水经注》曾有这样的记载：公元210年，曹操在邺县(今河南临漳县西)建造的冰井台煤矿，矿井深达50米，储存煤炭数千吨。

宋代的煤炭开采有了更大程度的发展。宋朝设立了专门负责采煤的机构，政府还实行了煤炭专卖制度。近年来对河南鹤壁宋代煤矿遗址的发掘提供的确切信息表明，宋代的采煤业已经具有较高的技术水平和比较完备的设施：煤矿有2条竖井，深约50米，矿井直径达2.5米，两条巷道长达500米，巷道高为2米，宽为2.1米，采煤工作面巷道上宽1.4米，下宽1米，布局合理，虽然比较窄小，但是已经足以应付采煤的需要。采煤撤退时采取分区"跳格子"的方式后退，而且在通风、照明、支护和分阶段提升、排水等方面都有了比较完备的设施和技术措施。据宋应星在《天工开物》中记载，当时的人们对于煤矿的头号大敌——瓦斯的处理也非常有创意，他们在开采之前先将一根粗大而中空的竹竿前面削尖，送入井下，插入煤层中，从而将煤层中的大量瓦斯引出井外。

相比之下，西方的采煤技术远远落后于我国。马可·波罗在《马可·波罗游记》中以一种非常惊奇的口吻提到中国人有一种"黑石头"，能像木柴一样燃烧，但比木柴火力强大，往往到第二天才会熄灭。这就说明，那时西方人还没有接触过煤炭，而我国使用煤炭已经有上千年的历史了。此外，西方的采煤，一直没有解决照明问题，采煤是在黑暗中摸索进行的；一直到17世纪，西方人还没有解决排水问题；直到18世纪，他们还没有攻克采煤中的瓦斯和通风难问题。由此可见，我国的煤炭开采技术是遥遥领先于世界的。

煤炭是如何形成的？

煤炭是古代植物埋藏在地下经历了复杂的生物化学及物理化学变化逐渐形成的固体可燃性矿物。

在地表常温、常压条件下，由堆积在停滞水体中的植物遗体经泥炭化作用或腐泥化作用后，转变为泥炭或腐泥（泥炭化作用是指高等植物遗体在沼泽中堆积，经生物化学变化转变成泥炭的过程，腐泥化作用是指低等生物遗体在沼泽中经生物化学变化转变成腐泥的过程，腐泥是一种富含水和沥青质的淤泥状物质）；泥炭或腐泥被埋藏以后，由于盆地基底下降而沉到地下深部，经成岩作用而转变为褐煤；当温度和压力逐渐增高，再经变质作用转变为烟煤或无烟煤。冰川过程可能有助于成煤植物遗体的汇集和保存。

在整个地质年代中，全球范围内有 3 个大的成煤期：

(1)古生代的石炭纪（石炭纪是植物和两栖动物的繁盛时代，是古生代的第 5 个纪，始于距今约 3.55 亿~2.95 亿年，石炭纪时陆地面积不断增加，气候温暖、湿润，大陆上出现了大规模的森林，给煤的形成创造了有利条件）和二叠纪（二叠纪是古生代的第 6 个纪，也是最后一个纪，约开始于 2.9 亿年前，结束于 2.5 亿年前），成煤植物主要是袍子植物，主要煤种为烟煤和无烟煤。

(2)中生代的侏罗纪（侏罗纪是中生代的第 2 个纪，界于三叠纪与白垩纪之间，约 1.996 亿~1.455 亿年前）和白垩纪（白垩纪是中生代的最后一个纪，位于侏罗纪和古近纪之间，约 1.4550 亿~6550 万年前），成煤植物主要是裸子植物，主要煤种为褐煤和烟煤。

一口气读懂科技常识

175

(3)新生代的第三纪(第三纪是新生代的最老的一个纪,距今6500万~180万年,是被子植物繁盛的时代),成煤植物主要是被子植物,主要煤种为褐煤,其次为泥炭,也有部分年轻烟煤。

石油是如何生成的？

石油,又叫做原油,是从地下深处开采的棕黑色可燃黏稠液体,主要是各种烷烃、环烷烃、芳香烃的混合物。石油是古代海洋或湖泊中的生物经过漫长的演化形成的混合物,和煤一样属于化石燃料。石油主要用作燃油和汽油,燃油和汽油是目前世界上最重要的一次性能源之一。石油也是很多化学工业产品,如溶液、化肥、杀虫剂、塑料等的原料。

石油的生成至少需要200万年的时间,在目前已经发现的油藏中,时间最老的可达到5亿年之久。在地球不断演化的漫长历史过程中,有一些"特殊"时期,如比如古生代和中生代,大量的植物和动物死亡以后,构成其身体的有机物质不断发生分解,与泥沙或碳酸质沉淀物等物质混合组成沉积层。由于沉积物不断堆积加厚,导致温度和压力上升,随着这种过程的不断进行,沉积层逐渐变成沉积岩,进而形成沉积盆地,这就为石油的生成提供了基本的地质环境。

伴随着各种地质作用,沉积盆地中的沉积物不断地堆积。当温度和压力达到一定程度后,沉积物中动植物的有机物质就会转化为碳氧化合物分子,从而最终生成石油和天然气。

但对于石油的形成过程,也有其他一些不同的看法,比如非生物成油理论,这是天文学家托马斯·戈尔德在俄罗斯石油地质学家尼古莱·库德里亚夫切夫的理论基础上发展而来的一种理论。此理论认为

在地壳内已经存在很多碳,有些碳自然地以碳氢化合物的形式存在。碳氢化合物比岩石空隙中的水轻,因此沿岩石缝隙向上渗透。石油中的生物标志物是由居住在岩石中的、喜热的微生物导致的,与石油本身并无关系。

美国在 2003 年做的一项研究表明,有不少枯干的油井在经过一段时间的弃置之后,仍然能够生产石油。因此,石油可能并不是生物生成的矿物,而是碳氢化合物在地球内部经过放射线作用以后的产物。

天然气是怎样一种能源?

天然气是指天然蕴藏于地层中的烃类和非烃类气体的混合物,其主要成分是烷烃,其中甲烷占绝大多数,还有少量的乙烷、丙烷和丁烷,此外往往还含有硫化氢、二氧化碳、氮、水气以及微量的惰性气体(如氦和氩等)。在标准状况下,甲烷到丁烷以气体状态存在,戊烷以上为液体。

天然气主要存在于油田气、气田气、煤层气、泥火山气和生物生成气中。天然气又可以分为伴生气和非伴生气2种。伴随原油共生,与原油同时被采出的油田气称为伴生气;非伴生气分为纯气田天然气和凝析气田天然气2种,在地层中都以气态存在。凝析气田天然气从地层流出井口后,随着压力和温度的下降,分离成气液两相,气相是凝析气田天然气,液相是凝析液(称为凝析油)。

天然气在燃烧过程中不会产生多少影响人类呼吸系统健康的物质,它燃烧产生的二氧化碳仅为煤的 40% 左右,产生的二氧化硫也非

常少。天然气燃烧后也没有废渣、废水产生,因此与煤炭、石油等相比,天然气具有使用安全、热值高、洁净等优点。

新能源包括哪些种类?

新能源,又称为非常规能源,指的是传统能源之外的各种能源形式,包括刚开始开发利用或正在积极研究、有待推广的能源,如太阳能、地热能、风能、海洋能、生物质能和核聚变能等。

新能源虽然形式各样,但从本质上说,其能量都是直接或间接地来自于太阳或地球内部所产生的热能,主要包括了太阳能、风能、生物质能、地热能、核聚变能、水能和海洋能以及由可再生能源衍生出来的生物燃料和氢所产生的能量,即新能源包含了各种可再生能源和核能。与传统能源相比,新能源普遍具有污染少、储量大的特点,对于解决当今世界严重的环境污染问题和资源(尤其是化石能源)危机问题具有重要意义。

联合国开发计划署将新能源分为以下 3 大类:大中型水电;新可再生能源,包括小水电、太阳能、风能、现代生物质能、地热能、海洋能(即潮汐能);传统生物质能。

一般来讲,常规能源是指技术上比较成熟而且已被大规模利用的能源,而新能源则是指尚未大规模利用、正在积极研究开发的能源。因此,煤、石油、天然气以及大中型水电都被看作是常规能源,而太阳能、风能、现代生物质能、地热能、海洋能以及核能、氢能等则被看作是新能源。

随着技术的不断进步和可持续发展观念的树立,过去一直被视为

垃圾的工业与生活有机废弃物被重新认识,它们作为一种能源资源化利用的物质而受到深入的研究和开发利用,因此,废弃物的资源化利用也可以看作是新能源技术的一种形式。

地热资源有哪些用途?

地球本身就像一个大锅炉,内部蕴藏着巨大的热能。在地质因素的控制下,这些热能会以热蒸汽、热水、干热岩等形式向地壳的某一范围聚集,如果达到可开发利用的条件,就会成为具有开发意义的地热资源。

地热资源按温度不同可以分为高温、中温和低温 3 类。温度大于 150℃的地热以蒸汽形式存在,叫做高温地热;90~150℃的地热以水和蒸汽的混合物等形式存在,叫做中温地热;温度大于 25℃、小于 90℃的地热以温水(25~40℃)、温热水(40~60℃)、热水(60~90℃)等形式存在,叫做低温地热。高温地热一般存在于地质活动性强的全球板块的边界,也就是火山、地震、岩浆侵入多发地区,比如著名的冰岛地热田、新西兰地热田、日本地热田以及我国的西藏羊八井地热田、云南腾冲地热田等都属于高温地热田。中低温地热田广泛分布于板块的内部,如我国华北、京津地区的地热田多属于中低温地热田。

150℃以上的高温地热以及 150~90℃的中温地热,主要用于发电、烘干等工业领域,比如西藏的羊八井地热田;90℃以下的低温地热,由于其温度适宜、清洁无污染,并且富含多种对人体有益的矿物质,因此用途非常广泛。

目前,低温地热的用途主要体现在以下几方面:

（1）地热直接供暖

燃煤锅炉的大量使用是造成空气严重污染的重要原因之一。地热资源的开发为这个问题的解决提供了一条可行之路。大力提倡和推广地热供暖，无疑将对环保事业做出巨大的贡献。

（2）浴疗保健

中低温热矿水富含锂、氟、氡、偏硼酸、偏硅酸等多种对人体有益的矿物质，具有一定的医疗、保健、养生功能。经常使用热矿水进行洗浴，对高血压、冠心病、心脑血管、风湿病、皮肤病等有一定疗效。

（3）娱乐、旅游

依托温泉浴疗，可以开发游泳馆、嬉水乐园、康乐中心、会议中心、疗养中心、温泉饭店、温泉度假村等一系列娱乐旅游项目。

（4）种植、养殖

依托地热井，可以建造温泉温室，种植名优花卉、特种蔬菜等，也可以用来发展旅游农业。热水养殖可以大大缩短多种水生物的孵化期和生长周期，因此可以依托地热资源发展高产鱼类养殖业等养殖产业。

（5）余热供暖

用于洗浴、娱乐等方面的地热水在使用完以后，热水温度依然很高，仍然含有大量的热能，如果能有效地加以利用，可以带来巨大的经济效益和社会效益。最近，北京市地质勘察技术院与清华同方合作，成功研究出了环保型地温热泵供暖系统，它可以从热水甚至冷水中提取热能供暖，使地热能的综合利用率提高到了80%左右。

由于地下热水补给途径长，补给缓慢，因此对每一口地热井，都应该设专人护理，节约用水，合理开发利用。另外，地下热矿水的氟、硫含

一口气读懂科技常识

量一般较高,用后必须妥善处理,以免对地下水源造成污染。

什么是生物质能?

生物质指的是通过光合作用而形成的各种有机体,包括所有动物、植物以及微生物。所谓生物质能,是指太阳能以化学能形式贮存在生物质中的能量形式,即以生物质为载体的能量。生物质能直接或间接地来源于绿色植物的光合作用,可以转化为常规的固态、液态和气态燃料,是一种取之不尽、用之不竭的可再生能源,同时也是唯一一种可再生的碳源。

生物质能的原始能量来源于太阳,所以从广义上说,生物质能是太阳能的一种表现形式。目前,许多国家都在积极研究和开发利用生物质能。生物质能蕴藏于植物、动物和微生物等可以生长的有机物体内,有机物中除了矿物燃料以外,所有来源于动植物的能源物质都属于生物质能,主要包括木材、森林废弃物、农业废弃物、水生植物、油料植物、城市和工业有机废弃物、动物粪便等。

根据来源的不同,可以将适合于能源利用的生物质分为林业资源、农业资源、生活污水和工业有机废水、城市固体废物和畜禽粪便等5大类。

林业生物质资源是指森林生长和林业生产过程提供的生物质能源,主要包括薪炭林、在森林抚育和间伐作业中的零散木材、残留的树枝、树叶、木屑等;木材采运和加工过程中的枝丫、锯末、木屑、梢头、板皮、截头等;林业副产品的废弃物,比如果壳、果核等。

农业生物质能资源主要包括农业作物(包括能源作物);农业生产

过程中的废弃物，比如农作物收获时残留在农田里的农作物秸秆；农业加工业的废弃物，比如农业生产过程中剩余的稻壳等。能源植物泛指所有用以提供能源的植物，通常包括草本能源作物、油料作物、制取碳氢化合物植物和水生植物等。

生活污水主要由城镇居民生活、商业和服务业的各种排水组成，比如冷却水、洗浴排水、盥洗排水、洗衣排水、厨房排水、粪便污水等。工业有机废水主要是酒精、酿酒、制糖、食品、制药、造纸等行业生产过程中排出的废水。

城市固体废物主要是指城镇居民生活垃圾，商业、服务业垃圾和少量建筑业垃圾等固体废物。

畜禽粪便是畜禽排泄物的总称，它实质上是其他形态生物质（主要是粮食、农作物秸秆和牧草等）的转化形式，主要包括畜禽排出的粪便、尿水及其与垫草的混合物。

沼气是一种由生物质能转换的可燃性气体，通常用于农家烧饭和照明。

什么是太阳能电站？

所谓太阳能电站，就是指利用太阳能电池组件将光能转化为电能的装置，是一种清洁能源和可再生能源。

法国奥德约太阳能发电站是世界上第一个实现太阳能发电的太阳能电站。尽管它当时的发电功率仅为 64 千瓦，但它为太阳能电站的研究、设计及发展奠定了基础。

1982 年，美国建成了一座 1000 万千瓦的塔式太阳热中间试验电

站。据估计,大型太阳能发电站效率仅为 30% 左右。此外,太阳能发电站还需要配备满足晚上和阴天用电需要的蓄电器,而所需的聚光器造价非常昂贵,发电经济性很差,因此,广泛推广和应用太阳能电站有一定的难度。

我国将在甘肃敦煌市西部的一片沙漠中建起一座我国乃至全世界最大的太阳能发电站。这个规模在 10 兆瓦的太阳能电站,是我国政府批准的第三个太阳能电站示范项目,另外的两个是 255 千瓦的内蒙古鄂尔多斯项目和 1 兆瓦的上海市崇明岛项目。

敦煌项目投资将在 5 亿元左右,此项目采取特许经营权的方式,国家发改委采取了一系列政策确保该项目的盈利前景:"这个项目可能为下一步国家制定光伏发电政策时提供依据。谁获得了这个项目,也就意味着在未来获得了政策和经验等方面的先发优势。"

我国核电站的建设情况是怎样的?

核电站是利用一座或几座动力反应堆所产生的热能来发电或发电兼供热的动力设备。其中反应堆是核电站的关键设备,链式裂变反应就在反应堆中进行。目前,世界上核电站常用的反应堆有压水堆、沸水堆、重水堆、改进型气冷堆以及快堆等。但应用最广泛的是压水反应堆。

核电厂使用的燃料是铀。用铀制成的核燃料在"反应堆"的设备中发生裂变而产生大量的热能,然后用处于高压力作用下的水将热能带出,在蒸汽发生器内产生蒸汽,蒸汽推动汽轮机带着发电机一起转动,电就这样源源不断地产生出来了。

到目前为止，我国已经建成或尚处于建设中的核电站主要有：秦山核电站、广东大亚湾核电站、田湾核电站、岭澳核电站、三门核电站、红沿河核电站、江西核电站、四川重庆争建核电站、湖南核电站、荣成核电站、海洋核电站等。

世界各国的水电站建设情况是怎样的？

水电站是将水能转换为电能的综合工程设施，一般包括由挡水、泄水建筑物形成的水库和水电站引水系统、发电厂房、机电设备等。水库的高水位水经由引水系统流入厂房推动水轮发电机组发出电能，电能再经过升压变压器、开关站和输电线路输入电网。

1878年，法国建成世界上第一座水电站。20世纪30年代以后，水电站的数量和装机容量得到很大发展。80年代末期，世界上一些工业发达的国家，如瑞士和法国的水能资源已几乎全部开发。20世纪，世界装机容量最大的水电站是巴西和巴拉圭合建的伊泰普水电站，装机容量为1260万千瓦。1879年，瑞士建成世界上第一座抽水蓄能电站勒顿抽水蓄能电站。世界上装机容量最大的抽水蓄能电站是1985年投产的美国巴斯康蒂抽水蓄能电站。1913年，世界上第一座潮汐电站建于德国北海之滨。世界上最大的潮汐电站是法国建于圣玛珞湾的朗斯潮汐电站，装机容量为24万千瓦。1978年，日本建成的"海明号"波浪发电试验船是世界上第一座大型波能发电站。我国大陆最早建成的水电站是云南省昆明市郊的石龙坝水电站，建于1912年。1988年，我国建成湖北葛洲坝水利枢纽，装机容量为271.5万千瓦。1986年，我国在浙江省建成试验性的江厦潮汐电站，装机容量为3200千瓦。我国在

一口气读懂科技常识

1994年开工兴建的三峡水利枢纽建成以后,装机容量将达到1786万千瓦,这将是世界上最大的水电站。

什么是厄尔尼诺现象?

厄尔尼诺,又称为厄尔尼诺海流,是太平洋赤道带大范围内海洋和大气相互作用后失去平衡而产生的一种气候现象。在正常情况下,热带太平洋区域的季风洋流是由美洲走向亚洲,使太平洋表面保持温暖湿润,给印尼周围带来热带降雨。但这种模式每2~7年就会被打乱一次,使风向和洋流发生逆转,太平洋表层的热流就会转而向东走向美洲,这样就带走了热带降雨,从而出现所谓的"厄尔尼诺现象"。

"厄尔尼诺"一词来源于西班牙语,原意是"圣婴"。19世纪初,在南美洲的厄瓜多尔、秘鲁等西班牙语系的国家,渔民们发现,每隔几年,从10月到第二年的3月,就会出现一股沿海岸南移的暖流,使表层海水温度明显升高。南美洲的太平洋东岸本来盛行的是秘鲁寒流,随着寒流移动的鱼群使秘鲁渔场成为世界四大渔场之一,但这股暖流一出现,性喜冷水的鱼类就会大量死亡,使渔民们遭受灭顶之灾。由于这种现象最严重时往往出现在圣诞节前后,因此渔民将其称为上帝之子——圣婴。

什么是温室效应?

温室效应,又称为"花房效应",是大气保温效应的俗称。大气能使太阳短波辐射到达地面,而地表向外放出的长波热辐射线却被大气吸收,这就会使地表与低层大气温度增高,由于这种作用类似于栽培农

作物的温室,因此叫做温室效应。

工业革命以来,由于工业机械的大幅度增加,人类向大气中排放的二氧化碳等吸热性强的温室气体也逐渐增加,大气的温室效应遂随之增强,从而引起了全球气候变暖等一系列严重问题。

温室效应主要是因为现代化工业社会过多燃烧煤炭、石油、天然气等化石燃料,这些燃料燃烧以后释放出大量的二氧化碳气体而造成的。二氧化碳气体具有吸热和隔热功能,它在大气中增多,就如同形成了一个无形的玻璃罩,使太阳辐射到地球上的热量无法向外层空间散发,因而导致地球表面逐渐变热。因此,二氧化碳也被称为温室气体。

除二氧化碳之外,人类活动和大自然还向空气中排放其他温室气体,如氯氟烃、甲烷、低空臭氧、氮氧化物气体等,地球上能够大量吸收二氧化碳的是海洋中的浮游生物和陆地上的森林,特别是热带雨林。

为了减少大气中过多的二氧化碳,一方面需要我们尽量节约用电(因为发电需要燃烧大量的煤),少开汽车以减少汽车尾气排放量。另一方面需要我们保护好森林和海洋,坚决杜绝乱砍滥伐,不让海洋受到污染以保护浮游生物。另外,我们还可以通过植树造林,减少使用一次性筷子,节约用纸(造纸需要用大量木材),不践踏草坪等日常环保行动来保护绿色植物,从而让这些绿色生命多吸收二氧化碳来帮助减缓温室效应。

城市热岛效应是如何形成的?

所谓热岛,是指由于人们改变城市地表而引起小气候变化的综合现象,是城市气候最明显的特征之一。由于城市化的进程逐渐加快,城

一口气读懂科技常识

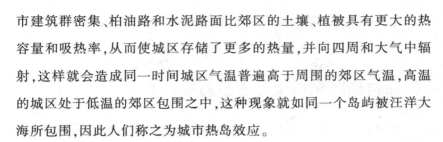

市建筑群密集、柏油路和水泥路面比郊区的土壤、植被具有更大的热容量和吸热率,从而使城区存储了更多的热量,并向四周和大气中辐射,这样就会造成同一时间城区气温普遍高于周围的郊区气温,高温的城区处于低温的郊区包围之中,这种现象就如同一个岛屿被汪洋大海所包围,因此人们称之为城市热岛效应。

城市热岛效应使城市年平均气温比郊区高出约1℃,甚至更多。夏季的时候,城市局部地区的气温甚至可能比郊区高出6℃以上。另外,由于城市密集而高大的建筑物阻挡了气流通行,使城市风速减小,从而进一步增强了城市热岛效应。由于城市热岛效应,城市与郊区就会形成一个昼夜相反的热力环流。

随着城市建设的高速发展,城市热岛效应也变得越来越明显。城市热岛形成的原因主要有以下几方面:

(1)受城市下垫面特性的影响。市区内有大量的人工构筑物,如混凝土、柏油马路、各种建筑墙面等,这些人工构筑物一般都是吸热快而热容量小,在相同的太阳辐射条件下,它们比自然下垫面(如绿地、水面等)升温快,因而其表面温度就会明显高于自然下垫面。

(2)人工热源的影响。工厂生产、交通运输和居民生活都需要燃烧各种燃料,因此城市每天都在向外排放大量的热量。

(3)城市里绿地、林木和水体的减少也是一个重要原因。随着城市化的发展,城市人口逐年增加,城市中的建筑、广场和道路等大量增加,绿地、水体等随之相应减少,因而缓解热岛效应的能力逐渐被削弱。

(4)城市中的大气污染也是一个重要原因。城市中的机动车、工业生产以及居民生活,都会源源不断地产生大量的氮氧化物、二氧化碳

及粉尘等排放物。这些物质能大量吸收下垫面热辐射,从而产生温室效应,导致大气进一步升温。

如何预防和控制城市热岛效应?

原则上,一年四季都有可能出现城市热岛效应。不过,对居民生活和消费构成影响的主要是夏季高温天气下的热岛效应。高温天气对人体健康非常不利。研究表明,环境温度高于28℃时,人体就会产生不适感;温度再高还会导致烦躁、中暑、精神紊乱等症状;温度持续高于34℃,还可能导致一系列疾病,尤其是心脏、脑血管和呼吸系统方面的疾病。此外,气温升高还会加快光化学反应速度,使近地面大气中臭氧浓度增加,从而影响人体健康。由此可见,采取有效措施控制和减少城市热岛效应是非常必要的。

(1)积极推进城市及周边环境的绿化工程:选择高效美观的绿化形式,包括街心公园、屋顶绿化、墙壁垂直绿化及水景设置等,可以有效地降低热岛效应;对于居住区的绿化管理,应该建立绿化与环境相结合的管理机制,并且要建立相关的地方性行政法规,以保证绿化用地;统筹规划公路、高空走廊和街道这些温室气体排放较为集中的地区的绿化,营造绿色通风系统,把将市外新鲜空气引入市内;将消除裸地、消灭扬尘作为城市管理的重要内容;积极建设林阴大道,使其构成城区的带状绿色通道,逐步形成以绿色为隔离带的城区布局。

(2)积极推进现有条件上的改造工程:控制使用空调器,提高建筑物隔热材料的质量,以减少人工热量的排放;改善市区道路的保水性性能;建筑物淡色化以增加热量的反射;提高能源的利用率,改燃煤为

燃气;推进"透水性公路铺设计划",即用透水性强的新型柏油铺设公路,以储存雨水,降低路面温度;形成环市水系,调节市区气候。

(3)此外,城市人口稠密也是热岛效应形成的重要因素之一。因此,在今后的新城市规划中可以考虑,在市中心只保留政府机构、旅游、金融等部门,其他部门均迁往卫星城,再通过环城地铁连接各卫星城。

综上所述,虽然热岛效应会给人们带来很大的危害,但如果能正确合理地利用已有的技术,合理规划城市布局,这个问题还是可以解决的。

什么是光污染?

光污染最早是在20世纪30年代由国际天文界提出的,天文学家认为城市室外照明使天空发亮,从而对天文观测造成了很大的负面影响。后来,英美等国称其为"干扰光",在日本则称为"光害"。

目前一般认为,光污染是指影响自然环境,对人类正常生活、工作、休息和娱乐带来不利影响,损害人们观察物体的能力,引起人体不适感和损害人体健康的各种光。从波长10纳米到1毫米的光辐射,即紫外辐射,可见光和红外辐射,在不同条件下都可能成为光污染源。广义上的光污染还包括一些可能对人的视觉环境和身体健康产生不良影响的事物,比如生活中常见的书本纸张、墙面涂料的反光以及路边彩色广告的"光芒"等都可算在此列。

在日常生活中,最为常见的光污染的状况多是由镜面建筑反光所导致的行人和司机的眩晕感,以及夜晚不合理灯光对人体造成的不适应感。

如何预防和控制光污染？

光污染会给人类带来很多负面影响，因此必须积极采取有效措施防治光污染：

(1)加强城市规划与管理，改善工厂照明条件等，以减少光污染的来源。

(2)对有红外线和紫外线污染的场所采取必要的安全防护措施。

(3)个人如果不能避免长期处于光污染的工作环境中，则应该考虑到防止光污染的问题，采用个人防护措施，主要是戴防护眼镜和防护面罩，将光污染的危害消除在萌芽状态。

(4)已出现症状的应定期去医院眼科作检查，及时发现病情，以防为主，防治结合。

(5)在企业、卫生、环保等部门，对光污染一定要有一个清醒的认识，要注意控制光污染的源头，注意加强预防性卫生监督，做到防患于未然。

(6)科研人员在科学技术上也要积极探索有利于减少光污染的方法。在设计方案上，要合理选择光源，还要教育和指导人们科学合理地使用灯光，注意调整亮度，不可滥用光源。

(7)防治光污染是一项复杂的社会系统工程，需要有关部门制订必要的法律法规，采取相应的防护措施。

如何预防和控制室内放射性污染？

放射性元素的原子核在衰变过程释放出 α、β、γ 射线的现象，俗称为放射性。由放射性物质所造成的污染,叫做放射性污染。放射性污染的来源主要有:原子能工业排放的放射性废物,核武器试验的沉降物,医疗、科研排放的含有放射性物质的废水、废气、废渣等。

放射性污染对生物的危害是非常严重的。放射性损伤分为急性损伤和慢性损伤两种。如果人在短时间内受到大剂量的 X 射线、γ 射线和中子的全身照射,就会产生急性损伤。轻者会产生脱毛、感染等症状,重则可能出现腹泻、呕吐等肠胃损伤,如果在极高的剂量照射下则可能发生中枢神经损伤甚至死亡。放射照射后的慢性损伤会导致人群白血病和各种癌症的发病率增加。

人们在日常生活中经常接触到的放射性污染主要是室内放射性污染,这种污染主要来源于建筑物内的超标建材,如矿渣填充物、石材、不符合室内要求的装饰性天然石材和超放射限量的瓷性釉面砖和卫生洁具等。

对于室内放射性污染,如果不属于建筑物本身的问题,只要积极采取预防措施,这种污染还是可以避免的。预防室内放射性污染应该注意以下几点:

(1)选择建房地址时应格外注意,土壤中的放射性核素含量必须在正常水平,不要在地质断裂带附近建房,更不要把房屋建在尾矿坝上,因为绝大部分室内放射性污染都来自于地面。

(2)在进行写字楼或家庭装修时,应合理搭配和使用装饰材料,最好不要在房间里大面积使用一种装饰材料。

(3)为了防止室内的放射性物质过高,最好在新住房装修前进

行一次放射性本底的检测,这样有助于石材和通体砖品种的选择。

(4)在到建材市场选购石材和建筑陶瓷产品时,要向商家索要产品放射性检测报告,要注意报告是否是原件,报告中的商家名称和所购品名是否相符。如果商家没有检测报告,最好的方法就是请专家用检测仪器进行放射性检测,然后再决定是否购买。

(5)居民在进行家庭装修时应注意选择含氡(具有危险的放射性)量低的装饰材料。在我国的天然石材中,含氡量大致是按红色、肉色、灰色、白色、黑色的顺序依次递减,居民在家庭装修时可以参考这一规律选择合适的材料。

(6)建筑部门在新建住宅时应避开含氡量高的地段,并尽可能选择含氡量低的建材。

(7)加强室内通风,室内通风是最便捷、最有效的降氡措施。

(8)房屋建好或装修之后,地面、墙角等处往往会有很多缝隙,应该将这些缝隙堵死,这有助于降低氡的析出。

什么是电磁污染?

电磁污染是指天然或人为的各种电磁波的干扰以及有害的电磁辐射。由于广播、电视、微波技术的发展,射频设备功率大幅度增加,地面上的电磁辐射也随之大幅度增加,目前已达到直接威胁人体健康的程度。

电磁污染主要分为天然电磁污染和人为电磁污染2大类。

天然电磁污染主要是某些自然现象引起的。最常见的是雷电。雷电除了可能对电气设备、飞机、建筑物等直接造成危害外,还会在非常

一口气读懂科技常识

广泛的区域范围内产生从几千赫兹到几百兆赫兹的极宽频率的严重电磁干扰。另外，火山喷发、地震及太阳黑子活动引起的磁爆等都会产生强烈的电磁干扰。天然电磁污染对短波通信的干扰非常严重。

人为电磁污染主要包括 3 类：①脉冲放电，比如切断大电流电路时产生的火花放电，其瞬变电流非常大，会产生很强的电磁。它在本质上与雷电相同，只是影响区域小一些。②工频交变电磁场，比如在大功率电机、变压器以及输电线等附近的电磁场，它并不以电磁波的形式向外辐射，但在近场区会产生严重电磁干扰。③射频电磁辐射，比如无线电广播、电视、微波通信等各种射频设备的辐射，这种辐射频率范围比较宽，影响区域也比较大，能危及近场区的工作人员。射频电磁辐射是电磁污染环境的主要因素。

电磁污染有哪些危害？

电磁污染的危害主要体现在以下几方面——

(1)电磁辐射对易爆物质及装置的危害：电磁感应和辐射可以引起易爆物质和电爆兵器控制失灵，引起意外爆炸。

(2)电磁辐射对挥发性物质的危害：电磁感应和辐射可以引起挥发性液体或气体意外燃烧。

(3)形成空间电波噪音：从大功率微波和射频设备泄漏出来的电波，会向空间辐射，形成空间电波噪声。空间电波噪声会干扰位于这个区域范围内的各种电子设备的正常工作。

(4)电磁辐射影响人体健康：微波对人体健康危害最大，中长波最小。它对人体的危害主要体现在机体将吸收的射频能转换为热能，形

成由过热而引起的损伤。

(5)电磁辐射是心血管疾病、糖尿病、癌突变的主要诱因。

(6)电磁辐射能对人体的生殖系统、神经系统和免疫系统造成直接伤害。

(7)电磁辐射是造成流产、不育、畸胎等病变的诱发因素。

(8)过量的电磁辐射可以直接影响大脑组织和骨髓的发育,是造成视力下降、肝病、造血功能下降、视网膜脱落的元凶之一。

(9)电磁辐射还能使男性性功能下降,导致女性内分泌紊乱、月经失调等。

如何预防或减少电磁污染?

由于电磁污染的危害极大,因此必须积极采取措施加以预防和控制。

(1)老人、儿童及孕妇是电磁辐射的敏感人群。这些人如果在有电磁辐射的环境中活动,应当根据辐射频率或场强特点,选择合适的防护服加以防护。孕妇在怀孕期间,尤其在孕早期,应全方位加以防护,对电磁辐射的危害绝对不能存在侥幸心理。

(2)平时注意多了解电磁辐射的相关知识,增强预防意识,了解国家的相关法规和规定,保护自身的健康和安全不受侵害。

(3)家用电器不要摆放得过于集中,以免使自己暴露在超量辐射的危险环境中。尤其是一些易产生电磁波的家用电器,如收音机、电视机、电脑、冰箱等不宜集中摆放。

(4)注意人体与电器的距离。在使用各种电器时,应注意与其保持一定的安全距离,如电视机与人的距离应该在 4~5 米,日光灯管与人

的距离应该在 2~3 米，微波炉在开启后要离开至少 1 米，孕妇和小孩更应远离微波炉。

(5)各种家用电器、办公设备、移动电话等都要尽量避免长时间操作和使用，同时尽量避免多种办公或家用电器同时启用。手机释放的电磁辐射最大，在使用时应尽量让头部与手机天线的距离远一些，最好使用分离式耳机和话筒接听电话。

(6)注意多食用一些富含维生素 A、维生素 C 和蛋白质的食物，增强机体抵抗电磁辐射的能力。

(7)其他综合性的防治对策：例如使电磁污染源远离居民稠密区；改进电气设备；在近场区采用电磁辐射吸性材料或装置；实行遥控和遥测，提高自动化程度等。

什么是生态住宅？

生态住宅以可持续发展的思想为指导，旨在寻求自然、建筑与人三者之间的和谐统一，即在"以人为本"的基础上，利用自然条件和人工手段来创造一个有利于人们舒适、健康的生活环境，同时又要控制对自然资源的使用，实现向自然索取与回报之间的平衡。生态住宅的特征概括起来有 4 个基本点：舒适、健康、高效和美观。

因此，生态住宅必须满足以下几个基本条件：

(1)生态住宅在材料方面必须选择无毒、无害、隔音降噪、无污染环境的绿色建筑材料；在户型设计上要注重自然通风；小区必须建立废弃物管理与处理系统，从而可以使生活垃圾全部被收集起来密闭存放。这样，无论室内还是室外，都不会产生有害物质，有利于居住者的

一口气读懂科技常识

身体健康。

(2)在生态住宅里,其绿化系统应该同时具备生态环境功能、休闲活动功能、景观文化功能,而且应该尽量利用自然地段,保护历史人文景观,从而可以使居住者身心健康,精神愉快。

(3)生态住宅采用的绿色材料应该具备隔热采暖功能,从而可以使居住者少用空调。并且还应该尽量将排水、雨水等处理后重复再利用,并推行节水用具等等。这样做不仅实现了科技和环保,实际上也为居住者节省了很多水费、电费等生活费用。

一口气读懂科技常识